瑞光塔
保护修缮工程报告

苏州市文物局
苏州市文物保护管理所　编著

文物出版社

图书在版编目（CIP）数据

瑞光塔保护修缮工程报告／苏州市文物局，苏州市文物保护管理所编著. —北京：文物出版社，2017.11

ISBN 978-7-5010-5212-7

Ⅰ.①瑞… Ⅱ.①苏… ②苏… Ⅲ.①古塔－修缮加固－研究报告－苏州②古塔－文物保护－研究报告－苏州 Ⅳ.①TU746.3②K928.75

中国版本图书馆CIP数据核字（2017）第217032号

瑞光塔保护修缮工程报告

编　　著	苏州市文物局
	苏州市文物保护管理所
责任编辑	王　戈
封面设计	刘　远
责任印制	陈　杰
出版发行	文物出版社
地　　址	北京市东直门内北小街2号楼
	邮政编码　100007
	http://www.wenwu.com
	E-mail：web@wenwu.com
制版印刷	北京荣宝燕泰印务有限公司
经　　销	新华书店
开　　本	787×1092　1/8
印　　张	38
版　　次	2017年11月第1版第1次印刷
书　　号	ISBN 978-7-5010-5212-7
定　　价	680.00元

《瑞光塔保护修缮工程报告》编辑委员会

主　　编　陈　嵘
副 主 编　尹占群
编　　撰　(按姓氏笔画排列)
　　　　　马振暐　王嘉明　尹占群　印　铭
　　　　　陈　伟　陈　嵘　周　强　赵　婷
　　　　　胡海光　钱兆悦　徐亦鹏　陶苏卫
　　　　　曹杰民　潘国英　杨丽花
图纸提供　苏州市计成文物建筑研究设计院有限公司
图纸整理　赵　婷　曹杰民　胡海光

目　录

插图目录

实测图目录

图版目录

序

陈薇

　　瑞光塔位于苏州古城西南隅，为七级八面砖木结构楼阁式塔，现塔系北宋景德元年（1004年）至天圣八年（1030年）所建。瑞光塔建造精巧，造型优美，用材讲究，是宋代南方砖木混合结构楼阁式仿木塔比较成熟的代表作，是研究此类古塔演变发展及建筑技术的重要实例。该塔历经毁修。1978年，在第三层塔心内发现真珠舍利宝幢等一批晚唐、五代和北宋时期的佛教文物。当时，塔壁裂缝纵横，塔顶洞穿，塔刹、副阶荡然无存，基台为浮土所掩，岌岌可危。1979～1991年进行了全面修缮，排除险情，宋塔风貌得以重现。2010年5月，瑞光塔塔顶及六、七层木结构又发现存在较为严重的安全隐患。经专业单位编制维修方案，并通过国家文物局审批后，2013年底再次启动了维修工程，并于2014年5月底竣工。此次工程一方面在充分尊重"文物原状"基础上完善了塔顶构造做法，消除安全隐患，同时对塔身进行了全面保养维护。

　　瑞光塔是宋塔研究的经典范本，其维修工程也对修缮工艺、技术提出了更高要求。最近的一次瑞光塔维修工程，从起始就将其作为一个课题开展。相关人员严格按程序操作，对维修中的经验和做法进行了翔实记录，并细致收集了各类信息资料。在维修工程施工同时，文物部门便将编撰维修工程报告作为工作内容。工程所涉及的各单位从中选取专业技术人员组成编委会，集中各方智慧进行工程报告编撰工作。报告既是此次保护维修工程的客观记录，也是维修工作的科学总结。瑞光塔在20世纪80年代全面修缮时，得到了国家、省市文物部门有关领导和专家的重视和关心，工程结束距今已有二十多年时间，由于客观原因一直未能形成工程报告，为保留资料的完整性，本书将其中有价值的资料编辑整理归入附录中。

即将付梓的书稿，凝聚了各方工作人员的辛劳和智慧。希望本次瑞光塔维修工程中好的经验和做法，能够为文物高质量的保护工程提供参考借鉴，更希望今后苏州每项重要文物保护工程竣工后，都能编撰出版维修工程报告。

2016年10月18日

壹 概述

瑞光塔位于苏州古城西南，为七级八面砖木混合结构楼阁式塔，相传始建于三国赤乌年间，现塔据考建于北宋景德元年（1004年）至天圣八年（1030年）。塔通高53.6米，1956年被列为江苏省文物保护单位，1988年1月被国务院公布为全国重点文物保护单位。

一　环境与区位

苏州东邻上海，西抱太湖，北濒长江，南临浙江，与嘉兴接壤，东距上海市区80千米，是江苏省的东南门户，上海的咽喉，苏中和苏北通往浙江的必经之地。

瑞光塔位于苏州古城西南盘门内，行政区划属姑苏区，东近东大街，西、南与盘门内水陆城门及城墙相望，北近新市路。瑞光塔与临近的盘门、吴门桥并称为"盘门三景"，是苏州古城著名的文化旅游景区（图1~3）。

古塔西南的盘门始建于公元前541年，是吴国"阖闾大城"八门之一，距今已有2500多年历史。古城门由水陆两门、瓮城、城楼和两侧的城垣组成，曾是古城交通要道和屏障。吴门桥始建于宋代，横跨京杭大运河，是出入盘门的主要信道，是苏州市区现存最高的一座古代石拱桥，也是江苏省现存最高的一座单孔石拱桥。大运河环抱城垣，绕城而过。溯河北上，南来的船只要看到矗立在运河边的瑞光塔便知是抵达苏州了。

二　自然与人文

苏州属于北亚热带湿润季风气候，气候温和湿润，四季分明，降水充沛。年平均气温15.7℃，降水量1063毫米，日照1965小时，无霜期233天。境内地势西高东低，东部平原区高程一般为海拔3.5~5米，西部为低山丘陵区，其中穹窿山主峰海拔341.7米，为全市最高点。

苏州古城始建于公元前514年，相传由吴国宰相伍子胥所建。据《吴越春秋》载，伍子胥来到吴国，向吴王建议："凡欲安君治民，兴霸成王，从近制远者，必先立城郭，设守备，实仓廪，治兵库。"吴王听从了伍子胥的建议，委托伍子胥建造阖闾大城。伍子胥"相土尝水""象天法地"，在原有吴子城的基础上扩建阖闾大城，即今天的苏州古城，距今已有2500多年的历史。苏州是目前资料显示现存至今的最古老的城

图1 "盘门三景"之瑞光塔

图2 "盘门三景"之盘门

图3 "盘门三景"之吴门桥

市。苏州在春秋时期是吴国的政治中心；西汉武帝时为江南政治、经济中心，司马迁称之为"江东一都会"（司马迁《史记·货殖列传》）；宋时，全国经济重心南移，陆游称"苏常（州）熟，天下足"（陆游《奔牛水闸记》），宋人进而美誉"上有天堂，下有苏杭"，而苏州则以"风物雄丽为东南冠"；明清时期，苏州又成为"衣被天下"的全国经济文化中心之一，曹雪芹在《红楼梦》中称苏州"最是红尘中一二等富贵风流之地"（图4~6）。

苏州素有"人间天堂"的美誉，不仅得益于优美的自然环境，更是由于其深厚的人文积淀。苏州是吴文化的核心与集大成者，包含了人文历史、风土人情、传统习俗、生活方式、文学艺术、行为规范、思维方式、价值观念等各个方面，涵盖了吴地从古至今所创造的物质文化和精神文化的所有成果。五千多年的中国农耕文化土壤，三千年前的吴文化根基，两千五百年前的春秋故都，一千五百年的佛道教文化熏陶，一千年前的唐代城市格局和八百年前的宋代街坊风貌，以及明清五百多年的盛世文明，给这座城市留下丰厚的历史文化积淀。至今，苏州城仍保留着水陆并行的"双棋盘"格局，基本延续了宋代《平江图》苏州古城面貌，千百年来城址不变，堪称奇迹。稻渔并重，船桥相望，小桥流水人家，反映了苏州独特的水乡文化景观。在14平方千米的苏州古城中，各种文化遗迹星罗棋布，其中有11处文物保护单位被列入世界遗产名录。此外，尚有24处全国重点文物保护单位，400余处省、市级文物保护单位及控制保护建筑，阊门、山塘、平江、拙

图4 《姑苏繁华图》中的瑞光塔

图5 从运河远眺瑞光塔（1949年前摄）

图6 瑞光塔（1949年摄）

政园、怡园五个历史街区，以及各个年代的桥梁、驳岸、井、牌坊等古构筑物近千处，如此高密度的文化遗产分布在全国亦属罕见。

除了上述物质文化遗存外，苏州地区的非物质文化也是极其丰富，吴歌、昆曲、评弹、吴语小说，是吴侬软语的吴语文化；精巧优良的众多手工工艺，独步全国；园林、盆景和书画艺术，名满天下；丰富的吴地民俗堪称人文景观的"聚宝盆"。文化底蕴的厚重深邃和文化内涵的丰富博大，使苏州成为中华浩瀚文明史中的一颗耀眼明珠，并以其独特的风格在华夏文化史上占据着重要的位置。

三 历史沿革

瑞光寺初名普济禅院。据志书记载，三国吴赤乌四年（241年），孙权为迎接西域康居国僧人性康而建塔。赤乌十年，孙权为报母恩又于寺中建十三层舍利塔。根据在塔内发现的宝幢木函、佛经、石佛、石础、塔砖等文物上的纪年文字可知，今塔系北宋景德元年（1004年）至天圣八年（1030年）所建，佛寺时名瑞光禅院。寺院历经毁修，塔于南宋淳熙，明洪武、永乐、天顺、嘉靖、崇祯，以及清康熙、乾隆、道光年间修葺。清咸丰十年（1860年）遭兵燹，寺毁塔存。同治十一年（1872年）曾加以维修。

自清同治十一年后，瑞光塔失修一百多年，残损日甚。为防止塔身倾圮，1954年加固塔底，长期封闭。

1963年对全塔进行勘察测绘，在塔内发现佛像和铭文砖。1978年4月，在第三层塔心内发现真珠舍利宝幢等一批晚唐、五代和北宋时期的佛教文物。当时，塔壁裂缝纵横，砖体坍落，塔顶洞穿，木构檐椽、平座、斗栱脱落残朽甚多，各层楼面、梯级严重毁坏，塔刹、副阶无存，基台为浮土所掩。1979年先行修补塔顶和破壁，排除险情，并砌筑院墙保护。同时进行详细测绘，聘请专家研究，反复论证，确定重修方案。1987年动工，包括大修塔顶和重安塔刹，修复各层外壁、塔心、壶门、佛龛、腰檐、平座、楼面、扶梯和塔内外木构件，加固塔基，修复基台须弥座、月台，重建副阶等。工程历时三年余，1991年竣工，宋塔风貌得以重现。2010年5月，瑞光塔塔顶及六、七层木结构又发现存在较为严重的安全隐患，2013年底再次启动维修工程，并于2014年5月底完工。此次工程在尊重"文物原状"的基础上排除了塔顶的结构险情，同时对塔身进行了全面保养维护（见表1）。

表1　　　　　　　　　　　　　　　　瑞光塔历代修缮记录一览表

序号	修缮记载时间	记载内容	记载文献
01	三国吴赤乌四年（241年）	僧性康来自康居国，孙权建寺居之，名普济禅院	同治《苏州府志》
02	三国吴赤乌十年（247年）	孙权建舍利塔十三级于寺中，以报母恩	同治《苏州府志》
03	唐天福二年	二年重修，塔放五色光，敕赐铜牌，置塔顶	同治《苏州府志》
04	北宋崇宁四年（1105年）	奉敕修塔，塔放五色光，赐名天宁万年宝塔	同治《苏州府志》《民国吴县志》
05	北宋宣和年间（1119~1125年）	朱勔出资重修，以赐额为瑞光禅寺	同治《苏州府志》
		朱勔出资重修，以浮图十三级太峻，改为七级	《民国吴县志》
06	北宋靖康元年（1126年）	兵毁	同治《苏州府志》
07	南宋淳熙十三年（1186年）	法林禅师重葺，有白牛自来助役，工毕乃毙，今白牛冢尚存寺中	《正德姑苏志》《四库总目提要》《民国吴县志》《重修瑞光禅寺纪略》
08	元至元三年（1337年）	敕修	《正德姑苏志》、同治《苏州府志》、《四库总目提要》、《民国吴县志》
09	元至正年间（1341~1368年）	复毁	同治《苏州府志》、《民国吴县志》
10	明洪武二十四年（1391年）	僧昙芳重建（僧大铛有记）	《正德姑苏志》、同治《苏州府志》、《四库总目提要》、《民国吴县志》
07	明永乐年间（1403~1424年）	凡再修，始还旧观	同治《苏州府志》、《民国吴县志》、《重修瑞光禅寺纪略》
08	明天顺四年（1460年）	僧净珪修宝塔	《民国吴县志》
09	明崇祯三年（1630年）	修塔	同治《苏州府志》
10	清康熙十四年（1675年）	修塔	同治《苏州府志》
11	清乾隆四年（1739年）	许容诣寺祈雨，有应捐资倡修敕碑记事	同治《苏州府志》
12	清道光年间（1821~1850年）	重修	同治《苏州府志》
13	清同治十一年（1872年）	寺僧西语重修	同治《苏州府志》

四 价值评估

1.历史价值

瑞光塔是由三国孙权所建普济禅院内十三层舍利塔演变而成，是江南佛教兴起和发展的重要历史遗存。该塔历史上兴废十余次，现塔据考，建于北宋景德元年（1004年），是名副其实的千年古塔，是苏州古城历代地图上不变的地标。瑞光塔不仅见证了苏州城的历史变迁，亦是江南运河文化的重要见证。其文物本体承载着珍贵的历史信息，是研究我国江南地区历史人文、建筑营造、城市规划、宗教及艺术等领域的重要例证。

2.艺术价值

瑞光塔上下七层，通高53.6米，各层比例适度，秀丽挺拔，逐层收分形成圆润的抛物线。整体造型优美，塔身细部做工精致，色彩典雅古朴，体现了宋代崇文雅俊的审美趋向。

塔身大量建筑构件，为仿木砖制，做工地道，惟妙惟肖。塔身内部留有"七朱八白"和"折枝花"等宋代彩塑残迹，是当时建筑装饰纹样的典型代表。塔身石雕须弥座，镌刻如意、椀花、狮子等浮雕图案，刀法简练流畅，形象生动，为后世保留了一处宋代石雕艺术精品（图7、8）。

1978年，在瑞光塔第三层塔心天宫内发现了真珠舍利宝幢、碧纸金书《妙法莲华经》、刻本《妙法莲华

图7 须弥座狮子浮雕　　　　　　　　　　　图8 须弥座椀花浮雕

经》、嵌螺钿经箱、泥塑菩萨、铜铸佛像、琥珀印章等一批五代、北宋时期的珍贵文物。这批文物是当时书法、绘画、工艺制品制作中的珍宝，不仅具有极高的艺术价值，而且是江南地区，特别是苏州一带经济和文化高度发展的实物见证（图9～12）。

图9　盛放真珠舍利宝幢的彩绘木函

图10　真珠舍利宝幢

图11　碧纸金书《妙法莲华经》

图12　彩绘描金泥塑观音立像

3.科学价值

多边形砖木结构楼阁式塔，始于五代末期的江南一带，以后有较大发展。瑞光塔始建于五代之后的北宋初期，是砖结构为主的楼阁式塔向砖木结构楼阁式塔演变的典型实例。瑞光塔出跳斗栱全部为木制，腰檐亦为木构。这样，不但具有木塔出檐的较大且优美的效果，又保留了砖塔具备的少用木材、耐久性好、无蚁害、适应江南潮湿的自然条件等优点。其内部的木构斗栱、月梁也使瑞光塔更接近木构楼阁式塔。以砖砌技术而论，虎丘云岩寺塔尚使用泥浆砌筑，而瑞光塔已开始用石灰浆砌塔身面层了。同时，瑞光塔也初步解决了木构同砖砌体的连接问题，进一步发展了用异形砖仿木构的技术。可以说，正是在瑞光塔时期，南方砖构楼阁式塔走完了仿木塔的路程。很可能也就是在这段时期，木塔和砖塔合二为一了[1]。该塔在材料选用和建造技艺等方面揭示了一道由实践、探索、创新和发展，而后走向成熟的轨迹，影响深远。

瑞光塔顶层群柱塔心做法，虽是明清重修遗物，但通过与日本古塔及苏南地区其他古塔做法研究对比，不能排除其结构形式沿自宋代，这亦是今后研究宋式建筑的一个课题。

4.社会价值

苏州古城及近郊保存有多座不同类型的宋代古塔，如瑞光塔、双塔、报恩寺塔、云岩寺塔、楞伽寺塔。这些千年古塔构成了苏州独特的城市风貌，折射出苏州古城悠久的历史、深厚的文化底蕴、丰富的城市景观，大大提升了苏州在国内、外交往中的城市地位。

瑞光塔高超的建造技艺表现出古代劳动人民无穷的智慧和极大的创造力。它和周边的水陆盘门、吴门

---

[1]　戚德耀、朱光亚《瑞光塔及其复原设计》，《南京工学院学报》1981年第2期。

桥、大运河等古迹构成了文化内涵丰富的盘门景区，是苏州古城重要的文化景观节点，是全世界了解我国灿烂传统文化的窗口。

五　保护范围与建控地带

瑞光塔的保护范围包括塔院围墙范围之内。建设控制地带为与盘门、吴门桥共同划定，东至东大街东50米，南至南门路，西至盘门路，北至新市路（图13）。

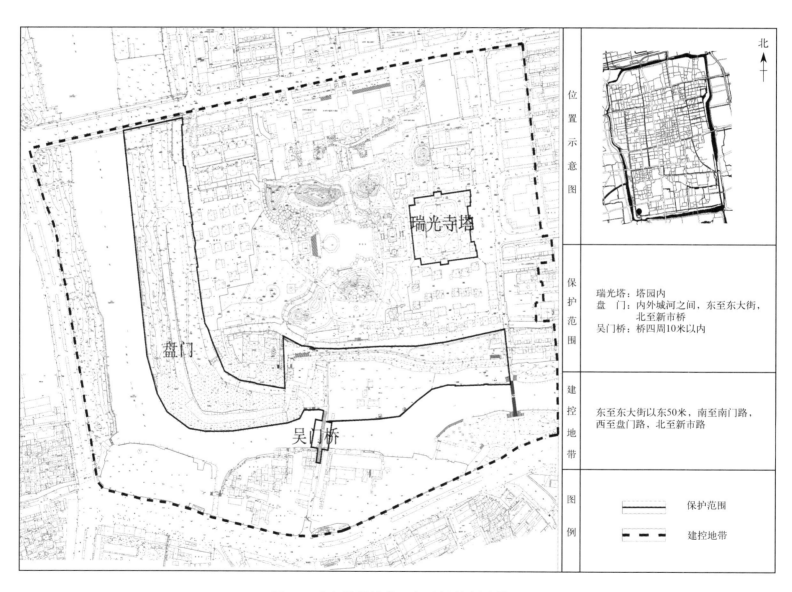

图13　瑞光塔保护范围与建设控制地带图

贰 建筑形制

一　建筑格局

据文献记载，瑞光禅寺原有山门、天王殿、大殿、西方殿、七佛阁、天眼阁、四瑞堂、亭及僧舍等建筑，但至1949年后已荒废殆尽，仅存佛塔和佛殿一座。以遗址发现的寺庙界碑推断，寺址南北距约为300米，东西距约为180米，西边附有一水池，原规模不小，但寺庙建筑的具体布局已无法考证。

经勘察，瑞光塔的位置偏于寺界南部，距南界约75米，距北界约225米。我国寺庙布局的常规做法，一般是在主轴线上布置山门、大殿等主要建筑。塔在寺庙中的位置一般有两种，早期为前塔后殿式，即塔位于大殿之前，后期则塔多位于大殿之后。对照瑞光塔前面的距离，不足以容纳体量较大的殿，而塔后空间宽阔，更适宜布置大殿。依此推测，瑞光禅寺很有可能沿用了"前塔后殿"的布局。而清乾隆年间《姑苏城图》所反映的瑞光塔位于殿前，似为印证（图14）。

此外，也存在另一种情况，即塔不处在中轴线上，而是处于左、右轴线上，如宋《平江图》碑中所示，塔似在殿西侧。无论塔在哪个位置，皆无疑是全寺的主要建筑。据文献记载，北宋末维修此塔，竣工后发现塔体放射五彩光芒，因而得名瑞光塔，继而寺庙亦改称瑞光禅寺，由此可见塔的重要性（图15）。

20世纪80年代，实施瑞光塔维修后，对塔院进行了重新规划，围绕瑞光塔建造了苏式园林，与盘门融为一体，形成了盘门景区（图16）。

二　平面形式

塔平面为八角形，由外壁、回廊和塔心组成。壁外副阶周匝，塔身外沿每层绕有木构腰檐、平座。第一层外壁四面辟门，设连廊通向内部回廊，连廊与外壁内侧凿佛龛，中心为八角形塔心，塔心转角处起圆形倚柱；第二、三层外壁为八面辟门；第四～七层则是四面辟门，其余各面隐起直棂窗；第六、七层的砖制塔心被木结构代替，为塔顶草架层。登临木楼梯设在塔内回廊内，除第四、五层为双跑楼梯外，其余各层皆为直跑楼梯，中间设休息平台，顺时针方向逐层环绕而上（图17）。

在我国现存的砖木混合结构的阁楼式塔中，由外壁、回廊和塔心组成的平面形式的较为普遍，宋塔中尤为多见，并在此基础上演化成更为科学的双套筒结构，即空心塔心与塔壁形成双套筒，如云岩寺塔、报恩寺塔、雷峰塔、六和塔等。此种做法不仅可以营造出更加宽大的平面空间，而且结构更加稳定，更有利

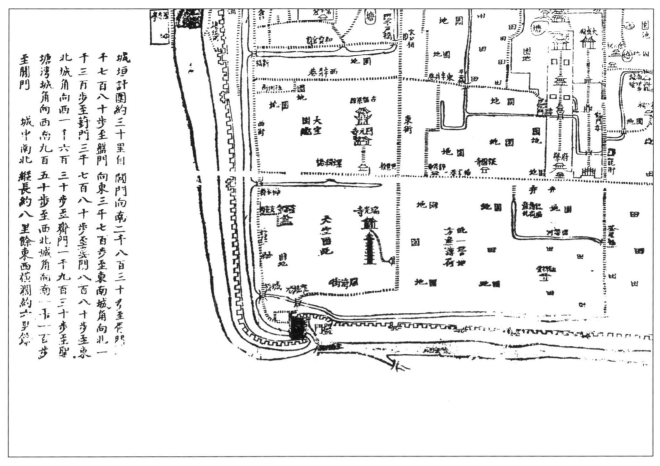

图14　清乾隆十年（1745年）《姑苏城图》（局部）

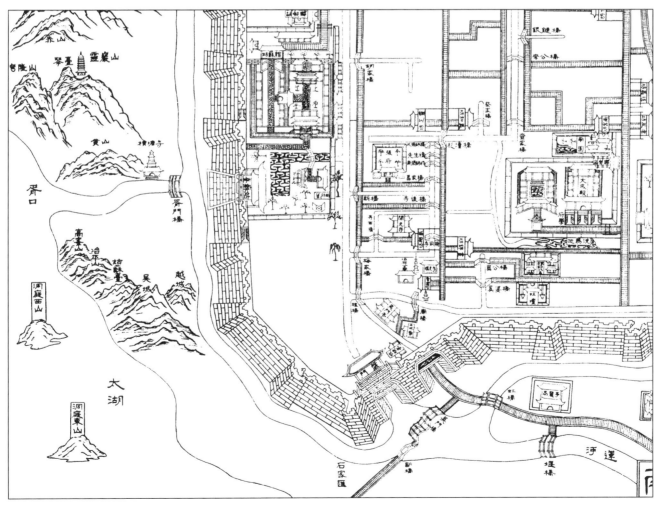

图15　南宋绍定二年（1229年）《平江图》（局部）

于抗震，这也是许多宋塔屹立千年不倒的原因之一。但瑞光塔与以上诸塔略有不同，其塔心为实体，未设塔心室，仅在一至三层壁面凿佛龛，而非空筒塔心室的双套筒结构。有学者指出此做法缘于中原的塔心柱结构。对瑞光塔的平面尺度进行比较，塔第一层塔身直径约11.26米，小于云岩寺塔的13.66米，更远小于雷峰塔的27米，因此，瑞光塔的平面直径在单筒塔和双套筒塔之间，属于临界值。除去外壁的厚度，内部空间没必要做成空筒的塔心室部分[1]，所以才形成了目前单套筒的平面形状，但也有可能是转型期探索阶段的产物。

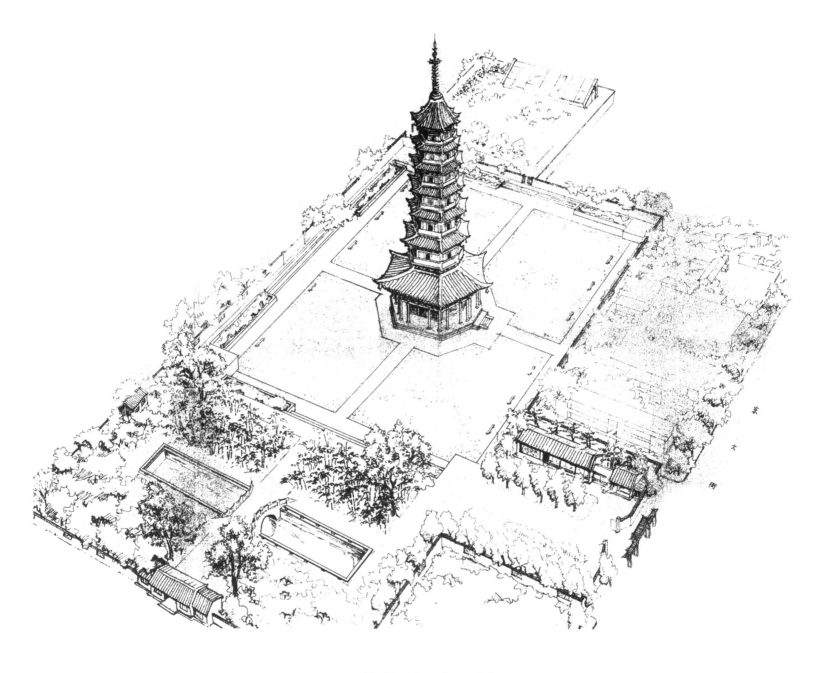

图16　塔院规划图（1989年）

[1]　陈玉凯《五代末至北宋苏杭砖身木檐塔的特征研究》，中国美术学院，硕士学位论文，2014年。

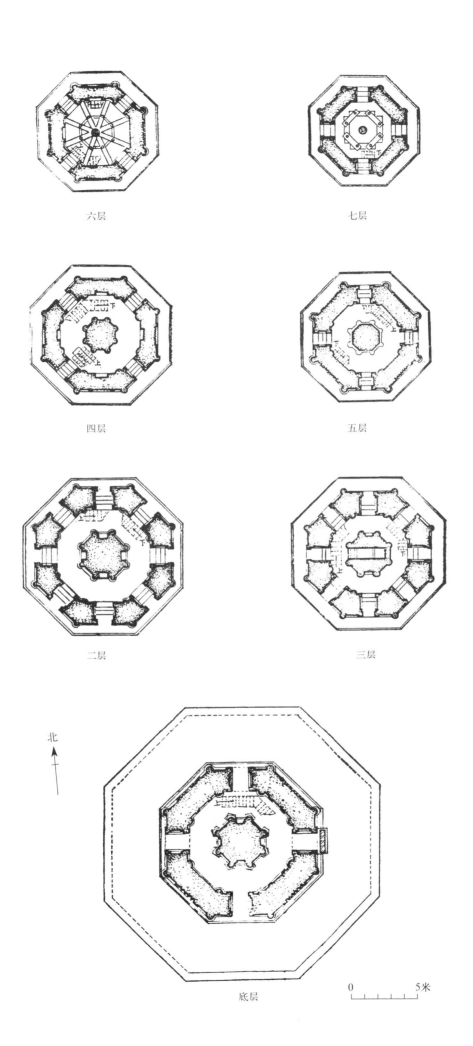

六层　　　　　　　　　七层

四层　　　　　　　　　五层

二层　　　　　　　　　三层

北

底层　　　　　　0　　5米

图17　瑞光塔平面测绘图（张步骞1965年绘）

三　塔基

　　根据现存的实例考据，宋塔基础一般都较简陋，如云岩寺塔、报恩寺塔等。经探掘证实，瑞光塔基础做法与云岩寺塔相同，地基较为简单。在塔体内外八角各置厚24～26厘米的大青石，塔体直接砌筑在夯实的土层上，没有石钉、石柱等基础。砖砌体底部离地坪7层砖，高约37厘米。根据1981年瑞光塔基础地质钻探报告，塔体内部地基土的分层见图18、19。

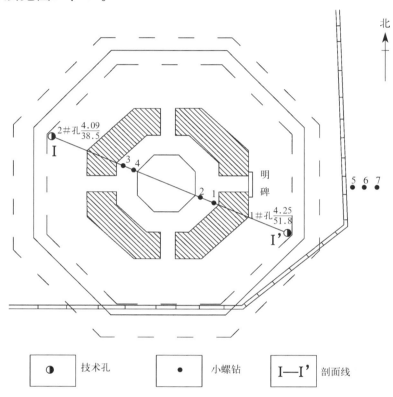

图18　瑞光塔基础地质钻探钻孔平面图（1981年）

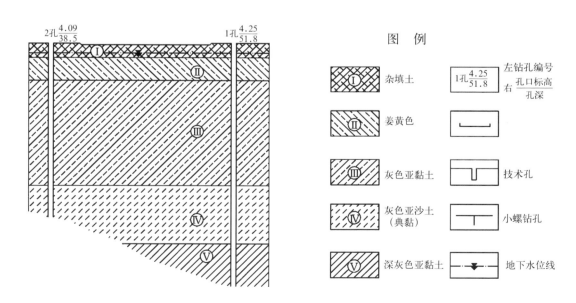

图19　瑞光塔基础地质剖面图（1981年）

表2　　　　　　　　　　瑞光塔基础土质构成表（根据1981年实测数据）

层序	名　称	标高（米）	性　状
I	素杂 填土	0.0～0.3	杂填土，黑灰色夹有腐殖质亚黏土
		0.3～1.2	姜黄色亚黏土夹碎石和烧结石灰
		1.25～1.3	夹一层砂石碎块
		1.3～4.05	姜黄色亚黏土，长期受塔身荷载影响，土质较硬
II	青石	4.05～4.15	夹一层青石，钻进时钻机跳动，以下为原状土
III	亚黏土	4.15～8.7	姜黄色亚黏土，为天然持力层，可塑压缩性较低
IV	亚黏土		此层以下都是灰色亚黏土夹粉沙或压沙土

　　宋塔基础一般采用人工回填法，又叫换土法。具体做法为先人工开挖深度约4米的基坑，在底部铺设一层石块垫层，垫材之上进行素土夯实。素土之上再铺三合土，层层夯实，在此人工基础上直接砌筑塔身。根据以上土层构成，瑞光塔基础亦印证了这一传统做法（见表2）。从现在的技术角度审视，如此简单的地基承载着上千吨的塔身，并且保持千年不倒，实属奇迹，这充分说明了我国古代建筑营造技术已达到相当高的水平。

四　塔身

（一）外壁

　　塔身七层，地面至覆钵高度为43.2米，约为第一层塔身直径的3.8倍，比例均匀。塔的各层高度自下而上逐层降低，塔身直径亦逐层收进，塔身的递收使塔的外轮廓呈中部微鼓的抛物线状，符合唐宋多层塔的风格。详细情况见表3、图20。

表3　　　　　　　　　　瑞光塔平面、高层尺寸（根据1986年实测数据）

层数	直径（米）	差值（米）	层高（米）	差值（米）
第一层	11.26	—	7.32	—
第二层	10.12	1.14	6.09	1.23
第三层	9.36	0.76	5.19	0.9
第四层	8.6	0.76	4.95	0.24
第五层	7.75	0.85	4.75	0.2
第六层	7.08	0.67	4.25	0.5
第七层	6.36	0.72	5.4（至草架底）	—
			4.23（至覆钵底）	—

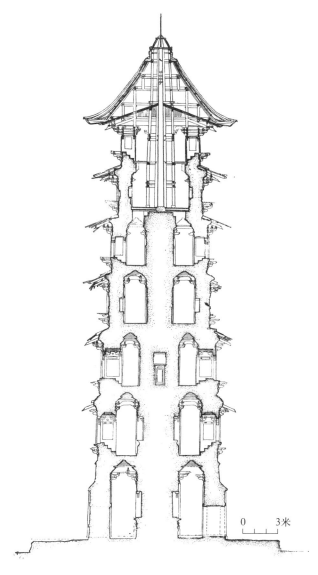

0　　3米

图20　瑞光塔剖面图（1986年）

图21　一层塔身外壁（2012年摄）

图22　塔身外檐木制阑额及斗栱（1986年摄）

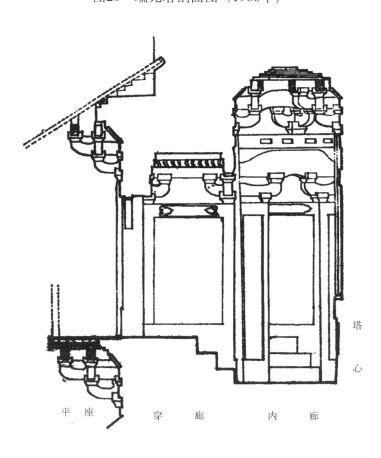

平座　　穿廊　　内廊

塔心

图23　三层塔身外檐、穿廊、内廊剖面图

（1986年测绘图）

塔的外形完全仿造木塔样式，在塔身外立面的各层转角处，用半圆形砖砌出圆形倚柱，每面在倚柱之间以间柱分成三间，于中央一间劈门或隐出直棂窗。倚柱的上端有阑额和斗栱承托腰檐，腰檐之上还有斗栱和平座、栏干等，手法与同时代同结构的砖木塔大致相同。但是，此塔除了塔身用砖砌出木构的形式以外，还直接采用了木制的阑额、华栱和跳头上的栱枋以及槫、椽等（图21、22）。

塔身由外壁周匝塔心，中隔回廊，纵向以穿道贯通。壁体厚度（纵深）亦随高度而相应减薄，底层壁厚1.76米，而七层减为1米，但每层缩减数字不同，一至三层为13厘米，四层为65厘米，五层比六层收20厘米，七层又变小。内收部位皆在各层腰檐上部承椽处。每层塔壁向内出跳部分，做支条状的砖叠涩，支条以上隐于平棊之后，故不易见到外壁向内悬挑情况（图23）。

塔体第一层层高较以上各层高许多，20世纪60年代考察时发现副阶已毁，但外壁上残留痕迹显示曾存在木制副阶。80年代维修时，按照塔身痕迹及法式制度对副阶进行了恢复，施工中在地坪下发现原副阶柱脚碛石，方位与方案设计的位置基本重合，证实了瑞光塔符合宋法式制度，亦说明了修复方案与原物高度吻合。

（二）塔心

瑞光塔塔心由上、下两部分组成，下部为八角实砌砖体，六层开始改用木框塔心（图24）。

1.下部砖制塔心

自塔内地坪直伸至第五层顶面，高达28.33米，越经四层楼面，塔心完全模仿木结构形式。其每层出跳部分以异形砖砌成支条、背板，以托砖制平座，同回廊中斗栱、月梁、平棊相接，形式与外檐相同，宛如木构楼阁。尤为特别的是塔心底部基座，采用"永定柱"形式。其形制为于塔心八角处砌半圆倚柱，柱间安阑额，阑额上安普柏枋，柱身上部有明显收分，柱下用覆盆状的石础承托，柱顶施方形栌斗，两侧隐出泥道栱来承柱头枋，枋上斜出砖制支条托台面，台面之上便是塔心正身。按《营造法式》平座之制记载："凡平坐先自地立柱谓之为永定柱，柱上安搭头木，木上安普柏枋，方上坐斗栱。"与之比较，十分吻合，可见其仿木形式之逼真，也是印证《营造法式》做法的实物例证（图25、26）。

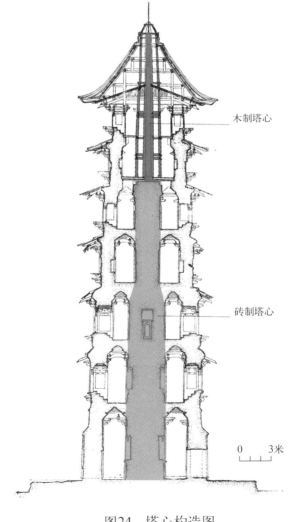

木制塔心

砖制塔心

0　　3米

图24　塔心构造图

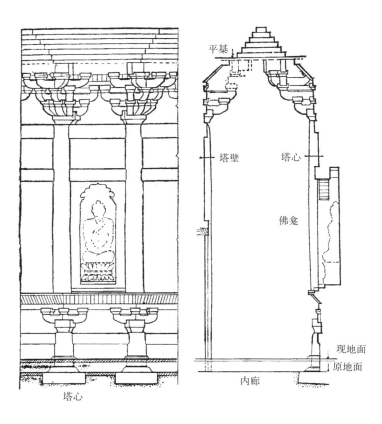

图25 塔心一层测绘图

图26 塔心

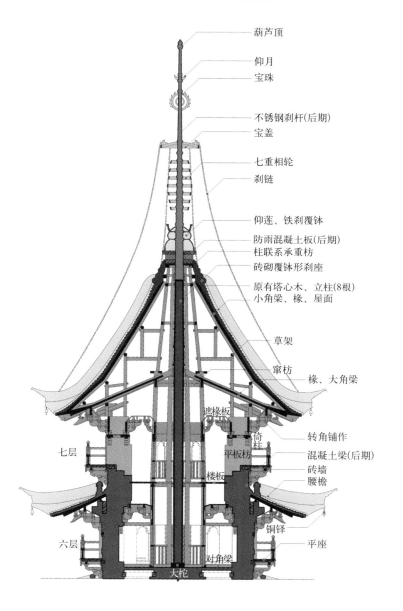

图27 木构塔心结构示意图

2.上部木制群柱塔心

自离地面28.33米高处，即第六层开始，改用木制框架塔心，由八根立柱围绕塔心木（又称刹杆、刹木）组成。全高13.85米，由上、中、下三段相续，每段上、下立柱连接处置木枋（柱脚枋）。整个木制框架结构向塔心收分，底径为5.22米，顶部直径为1.66米，其中上段柱脚比中段柱顶直接内收10厘米，以此增加收势达到适合"攒尖"塔顶的尺度。上、中、下三段情况如下（图27）。

图28　木构塔心下段做法

图29　木构塔心木

图30　木构塔心下段做法

（1）下段

高4.2米，由八根直径26～28厘米的杉木柱立于大栿与木枋之上，南、北两柱下有木制柱础，西北、东南两柱直接立于枋上，西南、东北两柱下置垫木，形式颇不一致，应是后期修葺所致。沿下层砖塔心顶面的边缘绕有木枋一周，枋外有木格栅横跨回廊与外壁相连。离楼面高2.03米，柱间置串枋两道，枋间有垫板，上层串枋高42厘米，枋面隐出泥道栱，栱下未见栌斗。从西北角柱残存华栱得知，下段应与下层一样转角出华栱承托月梁。下层串枋四面隐刻壶门，再下有底座。门内收进30厘米，有背板痕迹，似是佛龛。另四面皆有木板封堵，连同四面佛龛组合成八角形外框封围刹木（图28～30）。

（2）中段

高5.8米，形制与下段相同，唯有顶部柱脚枋密匝一排"复水椽"。它出自第七层外檐撩檐枋上，前端置飞子，樽身经外壁的斗栱，跨过回廊上部，后尾集中于刹杆外围。其间分插八根角梁后身，形似一顶撑开

图31　木构塔心中段做法

图32　木构塔心中段做法（俯视）

图33　木构塔心中段做法（仰视）

图34　塔顶草架内做法

图35　塔顶草架内塔心柱

的骨伞，遮盖上部屋顶结构。不仅起到天棚作用，更主要是因为屋顶檐椽过于陡峭，椽端不便使用飞子，同时为了取得角梁与下面各层腰檐的斜势统一，故置此"假槫层"。这种形式在江浙民居中较为常见，但用于塔内鲜见（图31~33）。

（3）上段

高3.85米，实为塔的顶部内柱与草架部分，直接承载塔顶外的刹座与覆钵重量。从形制及木材成色等方面分析，与第七层木结构一样，可能亦为清代维修时更换。因此，木框塔心的形制可能是清代改建，也有可能是明清时按原状仿造（图34、35）。

（三）腰檐平座

20世纪60年代，张步骞在勘察瑞光塔时，发现其腰檐平座已毁，残存木制角梁、檐椽等构件。腰檐平座的斗栱皆为五铺作双抄计心造，其做法为在砖壁面上隐起栌斗和泥道栱，再由栌斗向外出木华栱、瓜子栱承橑檐枋等木制构件。腰檐虽然已毁，但几处转角尚存大角梁、子角梁，顶层屋角亦有"嫩戗""发戗"的做

图36　1986年大修前的腰檐平座　　　　图37　1986年大修后的腰檐平座（2013年摄）

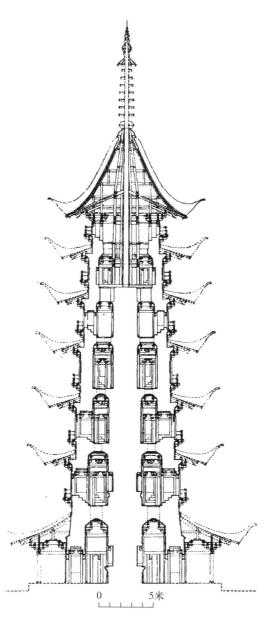

0   5米

图38　瑞光塔复原图（张步骞1965年绘）

图39　瑞光塔立面图（2014年绘）

法。也许正是因为这个原因，张步骞的勘测图上对腰檐平座翼角的复原采用了起翘较高的做法。20世纪80年代大修时，以东南大学朱光亚与戚德耀为首的设计人员亦对腰檐翼角的形式进行了诸多探讨。经过对《营造法式》中相关内容的研究及对同时代、同类型的古代建筑翼角做法的对比，设计组最终选择了采用更加接近宋代建筑风格的较为平缓的起翘做法（图36～39）。

（四）副阶

20世纪80年代瑞光塔大修前，塔的副阶已不存，但塔身残迹证实，原先确有副阶。塔基周围被厚400～1000毫米深的浮土覆盖，经发掘，距塔身外围4.7米的1米深处发现一石制须弥座，座下有两皮青砖垫层，台面用270毫米×80毫米×50毫米的小砖排砌成"回席纹"地面（图40、41）。座身无脚柱，为上下出涩，并用混枭线脚，中间有束腰，面刻如意、椀花、流云及走狮、人物等纹样，似《营造法式》中所示，采用"实雕"与"压起隐起"的手法。刀法脛圆有力，图案简练，生动自然，堪称北宋塔座雕刻中的精品。座

图40　1986年大修时发现的副阶回席纹铺地

图41　1986年大修时发现的副阶须弥座

图42　副阶现状（2014年摄）

图43　副阶平棊（2013年摄）

图44　三层天宫内景

身束腰以上部分已失，但其下部做法与苏州报恩寺塔的副阶叠涩座相同，则上部亦应相似。此座的发现足以证实此塔原有"副阶周匝"无疑。

20世纪80年代大修时，设计人员根据《营造法式》制度，通过塔身椽洞的尺寸及塔东侧石碑的位置，确定了副阶为两架椽及出檐的尺寸，副阶的斗栱与塔身外檐统一采用五铺作，副阶天花与塔内回廊一样采用了平棊做法（图42、43）。

（五）天宫

1978年4月在第三层塔心发现了藏有真珠舍利宝幢和其他珍贵文物的暗室。室辟于塔心东西之间，面阔0.97米，纵长2.67米，高1.91米。室正中挖有深1米的坑，坑面沿东、西两侧砌高0.56米的矮墙，上盖一块石板，形成一个平面为正方形、高1.64米的穴室（图44）。

室、穴完全用砖砌成，室顶用跳砖叠涩结顶，室内两端用砖墙封堵。封墙外表与塔心南北面一样有左右佛龛，唯有额提高100毫米，估计为便于安放"文物"，其他形制均与各面完全相同。

在佛塔中置"暗室"封藏"珍宝"，故塔俗称"宝塔"。其始为埋藏佛教徒死后的骨灰、骨牙等称"生身舍利"，后发展埋藏纪念物而称"法身舍利"。藏舍利的暗室有筑于地下基础之下者统称为"地宫"，这是南方楼阁式塔中较多采用的一种；另一种辟室于塔身之中，称"天宫"，瑞光塔第三层塔心室就属此类。至于同一塔内是否兼存上、下二宫之形式，就此塔而言，已经仪器初步探查，无地宫迹象。一塔之内同置天宫、地宫的实例目前发现较少。

五 塔刹

在20世纪大修前，塔刹已毁。现存塔刹为80年代大修时所置。当时设计人员摒弃了《营造法原》中塔刹等于塔身周长的说法，采用了同杭州闸口白塔塔刹高约等于塔身七分之二的视觉效果较好的比例。七组相轮外沿与塔身一样呈抛物线状，圆光按应县木塔及日本一些古塔的做法采用四片。刹下设仰、覆莲座及宝珠各一层（图45、46）。

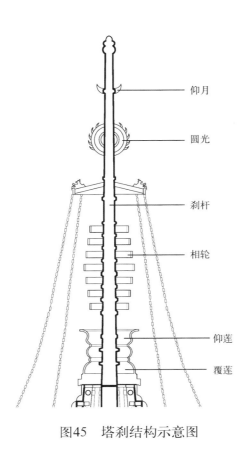

仰月
圆光
刹杆
相轮
仰莲
覆莲

图45 塔刹结构示意图

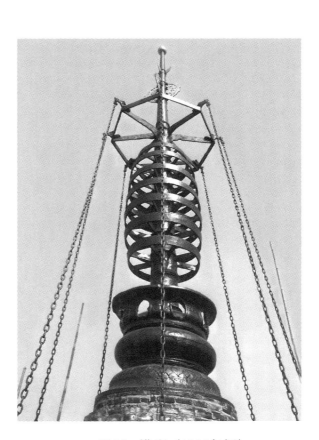

图46 塔刹（1986年摄）

六 结构

（一）穿廊

此塔外壁自第一至第五层穿廊上部，两侧都在壁面隐起额枋，置四铺作单抄斗栱向前承托月梁，于柱头缝上用砖隐出泥道栱、柱头枋和支条。在第三层的东南面、南面、西南面、西面穿廊，以及第四层的东南、西南、东北、西北面穿廊，支条面上现在残存石灰粉刷的遮檐板，表面隐起红色的图案。自第六层以上，层高较低，走道内没有斗栱，仅于走道的前、后两端砌欢门形状（图47、48）。

图47　一层穿廊内壁　　　　　　　　　　　图48　二层穿廊内壁

（二）回廊

回廊两侧的壁面，自第一至五层在转角处砌倚柱，每面倚柱的上端隐起额枋，枋上置斗栱。靠外壁的一面，在倚柱之间壁面上设门。门的两侧用间柱分为三间，间柱之上隐起从倚柱伸来的两跳插栱承托门上的月梁。靠塔心的一面，第一层基座为"永定柱"形式，倚柱立在基座上，于东、南、西、北四面辟佛龛，佛龛上隐起额枋两层，再上有斗栱承托楼板。第二至五层塔心底下无基座，倚柱直接立于楼板上，其余做法与第一层大致相同。倚柱的断面，第二层和第五层作圆形；第三层下段为瓜棱形，上段为小八角形；第四层也为小八角形。经勘察，原来可能都是砌筑的圆形倚柱，不同的断面形状为后代维修时用瓦片和灰粉堆塑而成。第六、七层回廊靠外壁的一面，转角处无倚柱，仅在门上隐起额枋一道承斗栱棱（图49、50）。

回廊上部，第二层和第四层转角铺作上有月梁联系内、外倚柱，这在苏州报恩寺塔上也可见到，应是宋代砖石类塔的一种做法。回廊顶部的构造为在底下一层回廊两侧斗栱平棊枋上部的壁面上，相对挑出板檐砖数层，中间铺木板，木板上留一段空间，然后再在上面一层外壁和塔心之间施木梁，梁上铺板，板上用条砖侧砌成人字纹地面（图51）。

图49 四层回廊外壁面

图50 四层回廊塔心壁面

图51 四层回廊顶部角柱上承托月梁连接倚柱

图52 二层外檐转角斗栱

图53 二层外檐补间斗栱

图54 三层外檐转角斗栱

图55 三层外檐补间斗栱

图56 七层外檐清式斗栱

图57 七层外檐清式补间斗栱

（三）斗栱

斗栱的材栔，根据实测数据可分为两档，用于底层之材为140毫米×190毫米，栔高90毫米；二层以上的材为120毫米×180毫米，栔高80毫米。此等数分别相当于《营造法式》中的五等材、六等材。同书所载，此等级应用于小厅、亭榭建筑，而用于塔上，因塔显露面有限是合适的。小于此等级者也不鲜见，如常熟崇教兴福寺塔用材为七等材，梅李镇的聚沙塔用材只为八等材。

塔的外檐铺作和平座铺作出双抄卷头计心造，唯平座铺作不加令栱。与外檐铺作一样，并不像《营造法式》规定"其铺作减上层一跳或两跳……"采用"卷头造"，即不出耍头，这是江浙宋塔中常见的一种斗栱形制。《营造法式》中虽有提及，但这种做法在北方宋构中并无实物存留，以上两种做法应为江浙一带地方做法（图52～57）。

栌斗的外形分矩形、圆形和多边形三种，按材料分为砖、木两种，以矩形栌斗居多，除七层外檐外，其他皆用砖制。矩形斗是由左、右两块预制异形砖组成，中间的欹有栓木以垫外跳的华栱。它施于补间铺作及三层以下的柱头铺作上。四层以上各偶柱顶改用圆形栌斗，第六、七层因内壁转角无倚柱，而制成折角贴面木栌斗（图58）。

散斗：斗为高115毫米、厚175毫米的预制异形砖，砖前部呈"平""欹"形状。其上部加两块高40毫米的方形小砖成"耳"，上下合砌便成散斗。因斗同出一模，其上下各层所置散斗的尺度皆一致（图59）。

内壁转角铺作中因华栱出跳短，承托来自两面相交的令栱（搭角令栱），栱的里段紧贴壁面，遂将栱后端折成与壁面同一斜度。其上散斗也呈菱形，以适合局促的空间（图60、61）。

栱亦分为砖、木两种，前者多成隐出的护壁栱（泥道栱），华栱、瓜子栱、令栱均用木材制成。第一跳华栱在四层以下用足材，四层以上用单材。第二跳华栱除转角铺作用足材外，其他用单材华栱要超过半数以

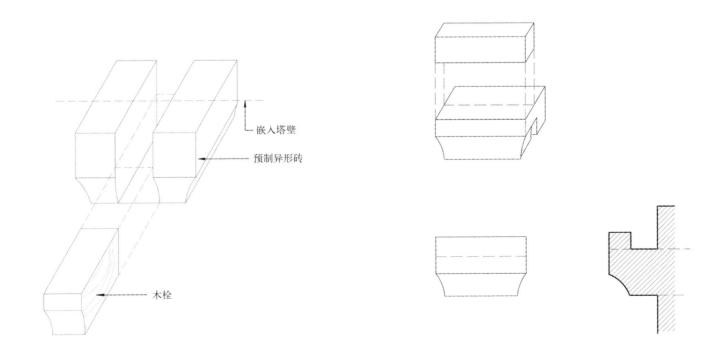

图58　栌斗做法示意图　　　　　　　　　　　　　　　图59　散斗做法示意图

图60　五层回廊外壁转角斗栱菱形散斗

图61　五层回廊外壁转角斗栱菱形散斗

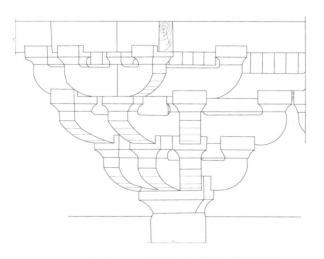

图62　一层塔心转角斗栱测绘图

图63　一层塔心转角斗栱

上，特别是平座和塔的上部几层。其中也有在单栱上加暗栔组成足材的。

栱身隐出栱眼、心斗等，栱下开口，栱头开栓口，栱端"上留""下杀"分格较清晰。卷杀四瓣为主，间有三瓣，令栱有做五瓣的卷杀。

华栱第一跳为370～410毫米，第二跳为720～760毫米，瓜子栱长900毫米，令栱长860毫米，搭角令栱长1100毫米，泥道栱长94毫米，这些尺寸基本接近《营造法式》规定，唯瓜子栱、泥道栱长些。

单材栱多挖成40毫米高向外的单面栱眼，是结合栱与壁间距过近又位于较高的黑暗处的特点，在符合形制要求下又省工料的方法。

转角铺作与苏州其他宋塔一样，华栱平出三缝，正侧两缝因与壁面垂直与补间铺作的华栱形制相同，唯转角华栱一般比补间华栱增长30～40毫米，第二跳华栱身受来自两面的瓜子栱嵌入（瓜子栱栱身至转角处截切成斜面插嵌于转角华栱栱身的两侧面）。栱端同样承正侧两面合交的令栱，搭角令栱其上出华头子施由昂，再上有矮木承托月梁（图62、63）。

三栱并联的做法，以转角华栱为主，栱尾嵌砌壁内，两侧华栱后尾截切成长达约300毫米、22.5度的楔形。其斜面做有榫卯，嵌入角华栱后部两侧预留的卯口内，然后用楔形木销钉将三个华栱销紧，使三者后部连成一组。其榫眼两边各分上下前后错开，避免减弱主干角华栱的纵断面。

出跳构件的华栱、衬头枋、由昂等其后尾截切斜面嵌入塔壁内，嵌入部分2/5～1/2。如第五层平座其转角铺作中华栱全长1350毫米，尾部截切斜面水平长260毫米，嵌入壁内510毫米。第三层外檐补间铺作，华栱全长800毫米，带斜面的后尾嵌入壁内380毫米。第五层的由昂高宽为120毫米×220毫米（合一材），而昂杆后部加高30毫米，全长1950毫米，昂尾仰面水平长250毫米处，由上向下梭柱斜面插入壁内抵于角梁之下。

斗外檐悬叠出跳构件，于最下层栌斗的欹部正上处，做成与栌斗凹形一样的栓木来销紧上部构件。唯有第七层斗栱因塔壁至顶面，厚度减低到11米，使外檐铺作与壁内回廊内铺作的华栱连在同一根枋上，两端做卷头搁于壁体顶上。

（四）柱与础

塔身砖壁内外与塔心转角处都设有柱，分砖、木两种。因所处位置不一，又分为倚柱、角柱与间柱三种。

倚柱柱顶部多呈覆盆状，起杀圆缓，柱身有显著的收分和微微的侧脚。柱下多数无础，直立地面上，柱身高与间阔比例较适宜。柱的断面，多砌成半圆形，第三、四层塔心柱和第三层塔心座改做抹角和瓜棱状的柱形，其实内心为砖砌半圆柱，这可能是早期修缮时在砖柱表面加灰粉塑刷而成（图64）。

1．柱身和柱径

由于塔柱随塔身层层向上递减，同时各层内、外层高度不同，加上砖柱表面粉刷层厚薄不匀等，因此不易得出绝对数据，只能按每层各柱的平均数来进行说明。以第一、二层为例，底层外壁倚柱高4.37米（径合材契近1.9材），柱径0.37米，两者之比约为11.65倍。内倚柱高4.9米，径为0.36米，两者之比近

图64　三层塔心八角柱

图65　二层外壁两向梭柱

图66　二层塔心两向梭柱

图67　塔身内壁角柱下基础

图68　塔身外壁角柱下基础

13.6倍。二层，外倚柱高2.08米，柱径0.35米，两者之比为6倍，内倚柱高3.96米，柱径0.36米，两者之比为11.1倍。

按宋《营造法式》用柱之制规定，"若殿阁即径一材一栔至两材"，对照塔之用柱之径接近两材，可属"余屋"之类计算。

2. 柱的卷杀与收分

宋《营造法式》称；"梭柱造，凡杀梭柱之法，随柱之长分为三分，上一分又分为三，加栱杀渐收至上径比栌斗四周各出四分紧杀如覆盆样，令柱顶与栌斗底相副，其柱身下一分杀令径围与中一分同。"这种做法仅收住上分而中下分仍保持平直成上分有杀收的梭柱。瑞光塔的柱形顶为覆盆状，柱身亦分三段但不均等，一般柱下段为全柱的五分之一略有收分，中段约为柱高的五分之二做直柱（自杀点开始至柱顶覆盆面上），杀势较猛，为柱上部，遂成上下皆有收分的梭形柱（称两向梭柱，图65、66）。在一些古建筑中，如五代所建的云岩寺塔、北宋建的苏州楞伽寺塔，南宋时所建的苏州玄妙观三清殿及报恩寺塔，常熟崇教寺方塔等，其柱形类似《营造法式》中所述，上部有收分的"单向梭柱"，没有一个实例完全按规定而做。

再早于瑞光塔三四十年所建的苏州罗汉院，遗址存留下来的双向收的梭形石柱，"下分"收度较微，几乎接近直柱，似是两种梭柱演变历程中的变体。实例可以说明，梭柱的形式在五代以前采用上下向双收杀较多，而且收势较猛，使卷杀圆和流畅。到两宋时，此两种梭柱的做法是同时并存的，但"上分"收杀之柱型占主势。此后，这两种做法先后逐渐消失，但偏僻之处的建筑一直到清代尚沿袭梭柱的做法。

当时瑞光塔采用"上下"收杀的梭柱，足证对每一构件制作是讲究的，仿木结构是很地道的，蹈袭旧制，为梭柱发展过程中一个极好的例证。

底层外壁倚柱下，皆有砖制栌形础立于砖台座上，础高70毫米，因此柱悬出40毫米（径450毫米）。其表面原有白灰粉面，现已剥落殆尽，无法知其原状，从形制与结构来看似是宋代原物。

1956年曾对底层回廊的地坪进行重铺，地面高出原地坪约250毫米，在柱底塑出栌形假础。70年代末，发掘塔正南面，原塔心座子转角下均置覆盆状石础，因表面风化无法辨认是否镌刻纹样。覆盆高130毫米，盆径580毫米。础石外显五边形，总宽780毫米，厚180～260毫米。其径大于《营造法式》所载"础为柱径的二倍"的规定。础石下有青砖两皮衬垫，在下为灰土夯层，础石已向内倾斜，疑塔心荷载集中过大所致（图67、68）。

七　装饰

现存塔内的装饰纹样主要分三种。

额枋表面做出微凹的长方块，即《营造法式》中所谓的"七朱八白"，在砖壁上用石灰粉出，在木材上则用阴刻。所做的长方块数目随额枋的长短而有多寡，第一层和第三层回廊靠外壁面的额枋上用四块，第三层靠塔心一侧的额枋上用两块，第四层外壁面腰檐斗栱底下的木阑额上用六块。这些长方块的高度多在45毫

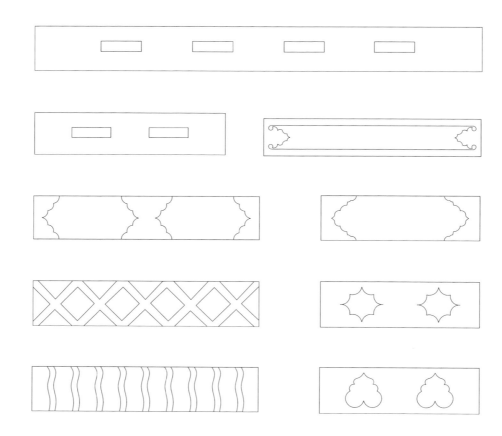

图69　塔内装饰纹样（据张步骞1965年图重绘）

图70　一层回廊外壁阑额上的"七朱八白"

图71　三层塔心阑额上的"七朱八白"

图72　三层外壁走道内额枋

图73　三层外壁南面走道内额枋

图74　三层外壁西面走道内额枋

图75　四层外壁东北面走道内额枋

图76　三层外壁西南面走道内额枋

图77　四层外壁东南面走道内额枋

图78　四层外壁西南面走道内额枋

图79　三层塔心上部荷花泥塑

米左右，长度则依照排列的情况随之增减，自180～320毫米不等。其中最特殊的是长方块的位置虽在额枋中间，而离额枋上、下缘的距离并不相等，略微偏上。这些可以补充《营造法式》彩画作丹粉刷饰关于"七朱八白"的记载。此种刷饰在宋代比较普遍，元代尚有使用，明代以后逐渐失传。

在额枋的上、下缘各粉出凸起的边框一道，延至两端做成如意头装饰。此塔在第三层外壁走道两侧及回廊靠塔心一面的下一层额枋上有使用。

在斗栱遮檐板上粉出映电纹、罗纹、壶门及多瓣团科等花纹，在第三层和第四层外壁走道两侧及回廊靠塔心一侧有见到（图69～78）。

以上这些装饰花纹皆涂红、白两色，简单明快，与苏州云岩寺塔的做法相同，曾见于《营造法式》和唐宋遗物中。但此塔粉刷层底下的砖非常光洁整齐，特别是斗栱遮檐板底下有砖砌的支条，推测除木额上的"七朱八白"外，其余可能不是建塔当时遗留下来的。此外，在三层塔心上部存泥塑荷花图案，形象已模糊，年代不详（图79）。此塔在南宋时曾经有过较大的修缮，是否和苏州云岩寺塔上的花纹一样为南宋重塑，有待进一步考证。

八　材料

（一）砖的规格

塔身用砖除310毫米×170毫米×50毫米、340毫米×140毫米×40毫米、310毫米×40毫米×85毫米三种普通砖外，尚有预制的异形砖。位于散斗和栌斗外，有做梭柱的圆形砖；有一端的二分之一处开一斜面，专为砌叠"支条"的砖；也有一端做出凸起三角形的破子棂窗的砖。这些异形砖的产生，说明当时的施工规范化和制砖技术均具备相当高的水平（图80）。

（二）砖砌技术

1．塔壁的砌法

底层至三层多用五皮卧砖一皮顶砖，四层以上为三皮卧砖加顶砖一皮，或二皮卧砖加一皮顶砖，也有二卧加二顶，第七层用一卧一顶的后期砌法，这些皆用错缝叠砌法。

在底层离地面5.73米高的壁体间嵌有侧砖竖砌一周，似一道砖箍以加强塔壁的稳固。第六、七层外檐采用了菱角牙子的做法，其他层未见。

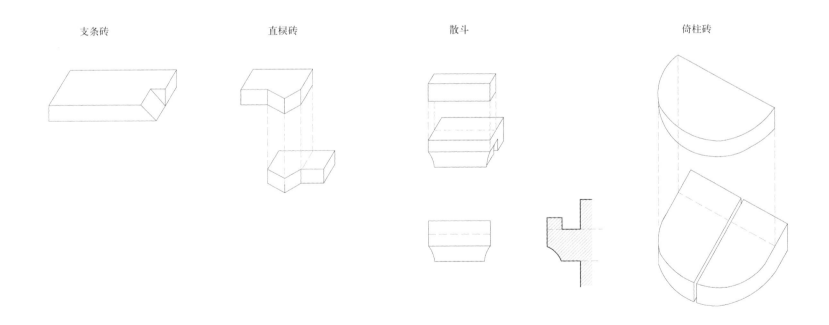

图80　异形预制砖的做法（戚德耀1986年绘）

2. 倚柱的砌法

多由两种异形砖重叠砌成，一种为半圆形，另一种为前端四分之一圆弧。施工时，将四分之一圆弧砖两块并卧中间加灰缝合成半圆形为一皮。其砖尾较深地插砌入塔身转角壁体内，其上加半圆形砖，砖外圆与下皮取直，砖后尾略嵌入壁内，上、下二皮合为一组，如此重叠形成上下错缝，倚柱牵搭于塔壁转角。其中在柱身每隔十五、六皮砖间，加前端做成半圆、后端深插塔壁内的木枋，以加强柱与壁的联系，提高整体性。

砖柱亦按照规制进行收杀，收杀之势取于正面与侧面，正面收则将砖的后尾插入壁内的深度逐渐增大，侧面收则将两块四分之一圆弧砖之间的灰缝宽度逐渐缩小，半圆弧形砖则需要刨凿加工成所需的尺度。如柱下分收杀即自下而上逐皮递放，如柱上分收杀即反之，便成上下梭收之柱，加上利用表面粉刷的厚度来加强收杀梭形的效果。

外壁倚柱砌至离顶270毫米左右处即止，其上承来自正、侧两面交切于此的木阑额，额外随柱径的圆势加包一层与额同高的木板，板外表面随倚柱收势做收分，顶端起杀为覆盆状，然后上下粉刷统一，外表难分辨是用两种材料合并而成。

（三）灰缝

砖间的灰缝距约8毫米。自五层以下砖体表层（约500毫米纵深），包括第三层塔心"天宫"四壁皆用纯灰砌筑，砖体内侧则改用泥浆砌筑，而第六、七层全部用灰浆砌筑。这些皆用错缝叠砌法。

本章内容根据张步骞《苏州瑞光塔》、戚德耀《苏州瑞光塔勘察概况》两篇论文编写。

叁 建造年代考据

对于瑞光塔的建造年代，学术界一直存在争议，主要来自于两方面，一是对于历代志书、史籍有关记载的考据，另一方面则是对塔身形制与做法的研究。

一　地方志的有关记载

瑞光塔的记载最早见诸北宋初的《吴地记后集》，其中有曰："瑞光寺在县西南四里，开宝九年（976年）置，旧名普济院。"

稍后的《吴郡图经续记》载："瑞光禅院在盘门内，故传钱氏建之，以奉广陵王祠庙，今有广陵像及平生袍笏之类在焉。嘉祐中，转运使李公复圭请本禅师住持，吴民竞致力营葺，栋宇完新。相国富公有书颂刻石院中。"

南宋的《吴郡志》记："瑞光禅院，在县西南，旧普济院。宣政间，朱勔建浮屠十三级。靖康焚毁。淳熙十三年，寺僧重葺，稍复旧观。"

元代由于苏州无方志，资料几乎没有。

明洪武《苏州府志》载："瑞光寺在今县西南。旧名普济院，宋宣政间，朱勔建浮图十三级，五色光现，经夕不散，故号瑞光。靖康焚毁。淳熙十三年，寺僧重葺，稍复旧观。"

正德《姑苏志》云："瑞光禅寺在开元寺南，吴赤乌间僧性康建，名普济院。宋宣和间，朱勔建浮屠十三级，五色光现，诏赐今额，并赐塔名天宁万寿宝塔。靖康兵毁。淳熙间重建，并复塔七级。元季复毁。洪武中，僧昙芳重修，僧大祐记。寺有四瑞堂，以塔光、法雷、合欢竹、白龟池名，释弘道记。归并庵一。顺心庵，在吴山下。"

崇祯《吴县志》记："瑞光禅寺在盘门内。赤乌四年，孙主为报母恩建舍利塔十三级，敕性康居之，赐名普济禅院。唐天福二年僧智明、琮远重修宝塔。宋元丰二年，神宗名漕使李复圭延圆照宗本禅师说法，时有白龟听讲、法鼓自鸣、翠竹合欢、宝塔放光，故堂名四瑞。崇宁四年，奉敕修塔，塔放五色毫光，赐名天宁万年宝塔。宣和间，朱勔捐资并建宝塔七级，复赐额'瑞光禅寺'，淳熙十三年法林禅师重葺，朝列大夫陈崧卿施资，有白牛来助役，功毕乃毙，今白牛冢尚存寺中。元至元三年，敕住持智能修寺。本朝洪武二十四年，僧昙芳重葺……"

入清后《百城烟水》沿用崇祯《吴县志》的说法。

乾隆《苏州府志》云："按《图经续记》：'瑞光禅院，故传钱氏建之，以奉广陵王祠庙，今有广陵像及平生袍笏之类在焉。'"后来的同治《苏州府志》与民国的《吴县志》也都保存了此说。

仔细梳理以上志书内容，会发现瑞光塔的建造年代前后矛盾，说法不一。

《吴郡志》载："（北宋）宣政间，朱勔建浮屠十三级。"

明崇祯《吴县志》记："瑞光禅寺在盘门内。赤乌四年，孙主为报母恩建舍利塔十三级，敕性康居之，赐名普济禅院。"

民国《吴县志》云："吴赤乌四年，僧性康来自康居国，孙权建寺居之，名普济禅院。十年，权建舍利塔十三级于寺中，以报恩。唐天福二年重修，塔放五色光，敕赐铜牌置塔顶。送元丰二年，神宗命漕使李复圭延僧圆照、宗本说法，天雨昙花，塔现五色舍利光。堂前有白龟听讲，庭有合欢竹，悴后复荣，法鼓自鸣，于是更堂为四瑞。崇宁四年，奉敕修塔，塔放五色光，赐名天宁万年宝塔。宣和间，朱勔出资重修，以浮图十三级太峻，改为七级。"

其中，不仅瑞光塔的建造年代前后不一，而且明崇祯《吴县志》中关于瑞光禅寺前身普济禅院的建造年代为"赤乌四年"，早于史料记载的江南首寺——建初寺的建造年代"赤乌十年"，这是明显的错漏。如此乌龙，应是志书大都互相抄袭，以讹传讹。据此，确定瑞光塔的建造年代，单凭志书记载不足为据。

二　塔身形制与做法的研究

关于瑞光塔的建造年代，早在20世纪30年代，刘敦桢先生就曾指出可能是稍晚于苏州定慧寺双塔的北宋遗构。之后，塔身砖铭及出土遗物上证实了这一观点。60年代和80年代，张步骞与戚德耀两位先生曾对瑞光塔进行了详细的勘察，并从建筑形制与做法的角度，对塔身各层的建造年代进行了分析与推测。

张步骞先生在1965年《文物》第10期《瑞光塔》一文中指出，第三层塔心的西南和东南两面曾发现两块砖

图81　三层塔心砖铭文拓片

图82　刻有"景德元年定磉"字样的磉石拓片

铭："弟子范迪为亡妻顾氏十六娘舍塔砖一万片砌第三层塔大中祥符三年庚戌岁记"，"弟子顾知宠并妻赵十四娘舍塔砖一万片己酉岁记"（图81）。己酉在庚戌前一年，即大中祥符二年（1009年），加之在塔内发现的佛像背面"弟子唐延庆与家眷等舍石佛一尊入瑞光禅院第三层塔内天圣八年一月二十一日"题记，推测北宋大中祥符二年和三年的舍砖可能是施工前准备材料的时间，至于佛像题记天圣八年可能是全塔基本建成的年代。

　　戚德耀先生指出，塔身收分从第四层突然加剧，三层以下八面辟门，第四层以上则改为四面辟门并逐层错开的形式，这种外观上下不统一的手法在宋塔中极为少见。砖壁体砌法、斗栱的用材亦上下不一致。塔内的佛龛三层以下是位于塔心四个壁面上，四、五两层置于回廊内壁，六、七两层又有改换，位置不统一。他联系文献说："宣和间，朱勔出资重修，以浮图十三级太峻，改为七级"，加之历史上有记载的十次维修，其中南宋建炎和元代至正末各焚毁过一次的记载，再结合塔身的焚烧痕迹和构件的形制尺度，作出了如下推测：现塔可分为三个历史阶段，三层以下为北宋原构，四、五两层宋后多次维修尚保存原貌，六、七两层为明清拆建，其中七层又经清代重建，故塔称北宋遗构是无愧的。

　　1987年大修时，于底层外檐地坪下发现一块磉石，上刻"景德元年甲辰岁四月廿一日定磉"字样。景德元年为1004年，至此关于现存瑞光塔始建年代的争论终于尘埃落定，印证了诸位专家的推测，瑞光塔确为宋塔无疑，而且是砖木混合结构中较成熟的例子。其形制做法的演变是研究我国江南阁楼式宋塔的宝贵资料（图82）。

肆 勘察设计

江苏苏州地处温带，四季分明，气候温和，雨量充沛。属北亚热带季风气候，年均降水量1100毫米，年均温15.7℃，1月均温2.5℃，7月均温28℃。瑞光塔坐落于苏州城西南盘门景区内，北临新市路，南抵盘门路，西到盘胥路，东达东大街，支路纵横，城河环绕，交通便捷。

瑞光寺初名普济禅院，据记载，始建于三国吴赤乌四年（241年）。赤乌十年（247年），孙权为报母恩，建十三层舍利塔于寺中。

现塔据考建于北宋景德元年至天圣八年（1004～1030年），称为瑞光院塔。明清时期进行了不同程度地维修。据记载，该塔于清咸丰十年（1860年）遭兵燹，寺毁，塔独存。同治十一年（1872年）曾修塔。此后年久失修，塔体腰檐、平座、副阶缺失，塔刹破损，存在严重安全隐患。

1949年以后，亦有历次修缮。

1954年底层塔门砌砖封闭加固。

1963年安装避雷针。

1979年修补塔顶和破壁，排除险情，征地砌围墙保护。

1980～1986年调查测绘，研究确定重修设计方案。

1987～1990年全面整修加固，修葺塔顶、腰檐、平座、楼面、台基须弥座，修复塔刹、副阶、扶梯，并使之恢复宋塔风貌。

1988年，瑞光塔被列为第三批全国重点文物保护单位。

一　建筑形制

（一）塔体

瑞光塔塔体为七级八面砖木结构楼阁式塔，由砖砌塔壁、副阶台基和腰檐平座三大部分构成。各层腰檐及平座均为20世纪80年代后期维修时修复，外观红灰色，每面以倚柱划分为三间，当心间辟壶门或隐出破子棂窗。底层四面辟门，第二、三层八面辟门，第四至七层则上下交错四面置门。内、外转角处均砌出圆形带卷杀的倚柱，柱头承阑额，上施斗栱。外壁转角铺作出华栱三缝，补间铺作三层以下每面两朵，四层以上减为一朵。全塔腰檐、平座、副阶、内壁面、塔心柱以及藻井、门道、佛龛诸处，共有各种木、砖铺作380余朵。修复后通高约53.6米，底层外壁对边11.2米。层高逐层递减，面积也相应收敛。外轮廓微呈曲线，显得清秀柔和。第六、七层为木结构支撑，采用立柱、窜枋和卧地对角梁组成的群柱框架木结构，对角梁中心与大柁上立塔心木支承塔顶屋架和刹体。塔身底层周匝副阶，立廊柱24根，下承宝装莲花柱础及八角形台基，台明青砖锁口石，周边为青石须弥座，对边23米，镌有狮兽、人物、如意、流云，简练流畅，生动自然，堪称宋代石雕佳作。台基东边有横长方形月台伸出，青砖席纹铺设，正面砌踏道。

（二）塔刹及其支撑构件

塔刹上小下大，为宋代锥体造型，由九个部分组成。按从下到上的顺序分别为：①覆钵形砌体刹座；②防雨砼板（20世纪80年代后期修复）；③铁刹覆钵；④仰莲；⑤七重相轮；⑥宝盖及刹链；⑦宝珠；⑧仰月；⑨刹顶葫芦（宝瓶），以不锈钢刹杆串连（原刹杆为木制，因上半段朽烂，80年代后期大修时采用不锈钢刹杆，下半段仍保留住原有木刹杆，并用不锈钢套管连接）。

砖体刹座置于塔顶8根木群柱之上，刹高11米，约占塔高的五分之一。刹体主要以底部直径为500毫米的塔心木及周围环绕的8根底部直径为210毫米的木柱来支撑，木柱间以窜枋、承重枋搭接，并立于第六层的卧地对角梁及大陀上，谓之群柱框架结构。在现存的古塔中，该结构形式在全国同类型古塔中并不多见，具有较高的历史价值和艺术研究价值。

（三）塔顶屋面

屋面为八角攒尖顶形制，通高约7米，筒瓦屋面，筒瓦宽150毫米，板瓦宽280毫米，勾头牡丹花，滴水垂唇板瓦。屋面顶部与刹座砌体连接，内部由角梁、木椽、草架等木构架支撑，其中草架为明清时期的传统构架形式（1872年同治年间进行过维修）。老角梁头部搭在转角铺作上，根部搭在窜枋上，尾端离塔心木表面保持约30毫米的距离，允许塔心木在一定的空间范围里可微量摆动，不影响整个塔顶屋面结构稳定，形成柔性结构。

二 现状勘察及险情分析

（一）塔体

1. 塔顶及塔体第六、七层木结构

（1）残损现状

第一，从塔顶外立面勘测情况来看，20世纪80年代后期大修时新增的防雨混凝土板与其下刹座砌体接合处局部脱开产生横向裂缝，裂缝宽度达100毫米以上。

第二，刹座砌体下400～600毫米范围内的筒瓦脱节，并下滑碎裂，占塔顶屋面总面积的15%。

第三，透过裂缝能直接看到内部支撑塔刹的木柱，暴露的木柱表面有朽烂现象，朽烂面积占柱身总面积

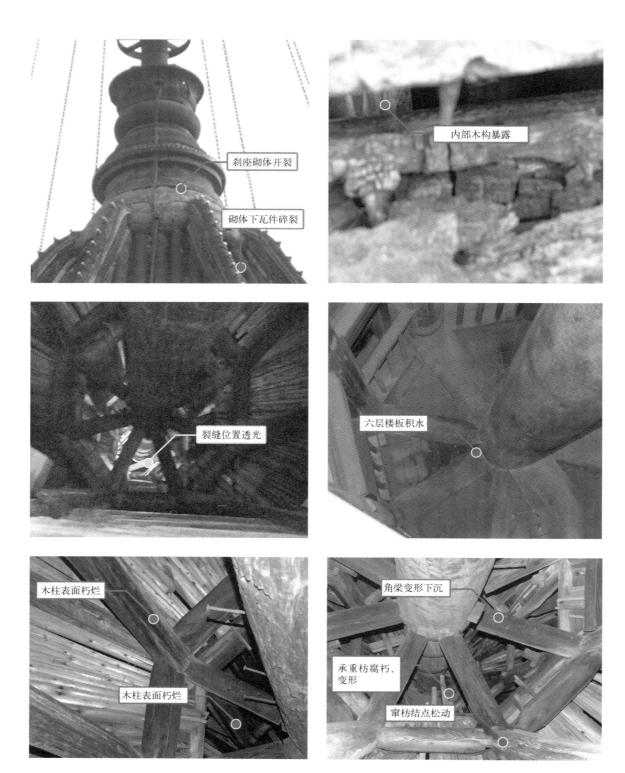

刹座砌体开裂

砌体下瓦件碎裂

内部木构暴露

裂缝位置透光

六层楼板积水

木柱表面朽烂

木柱表面朽烂

角梁变形下沉

承重枋腐朽、变形

窜枋结点松动

图83 塔顶及六、七层木结构险情

的25%，影响塔内木结构安全。

第四，经塔顶内部勘测检查发现，刹座砌体裂缝位置开裂透光，第六层木楼板处有较多雨积水，说明裂缝处渗雨严重。

第五，支撑覆钵形砌体的西南侧承重枋表面糟朽，榫卯脱位，变形下沉约50～80毫米。

第六，窜枋、角梁、木椽同步变形下沉30～50毫米（图83）。

（2）原因分析

第一，覆钵下为20世纪80年代后期大修时安置的砼防雨板，由8根木柱直接支顶，现状结构基本稳固。砼板下刹座砖砌体，由安置在群柱顶的承重枋支撑（实际该砌体起到填充砼板与下部木构空隙的作用），支

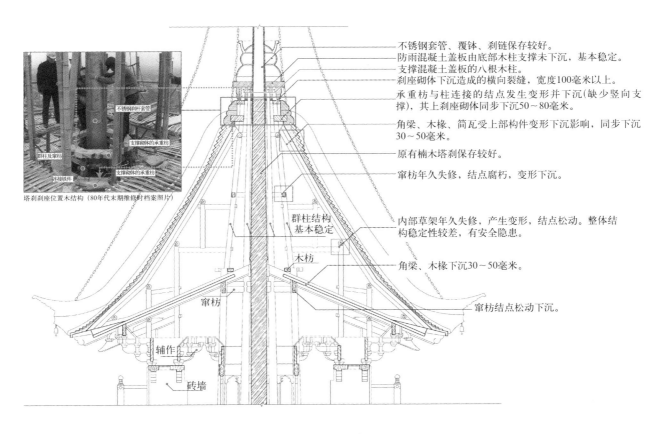

塔刹刹座位置木结构（80年代末期维修时档案照片）

不锈钢套管、覆钵、刹链保存较好。
防雨混凝土盖板由底部木柱支撑未下沉，基本稳定。
支撑混凝土盖板的八根木柱。
刹座砌体下沉造成的横向裂缝，宽度100毫米以上。
承重枋与柱连接的结点发生变形并下沉(缺少竖向支撑)，其上刹座砌体同步下沉50～80毫米。
角梁、木椽、筒瓦受上部构件变形下沉影响，同步下沉30～50毫米。
原有楠木塔刹保存较好。
窜枋年久失修，结点腐朽，变形下沉。
内部草架年久失修，产生变形，结点松动。整体结构稳定性较差，有安全隐患。
角梁、木椽下沉30～50毫米。
窜枋结点松动下沉。

群柱结构基本稳定
木枋
窜枋
辅作
砖墙

图84 塔顶结构险情分析图

撑砼板下砌体的承重枋，采用铁钉、铁件的连接方式固定群柱（形态为环状抱圈），构造简单，承荷有缺陷，在长期荷载的作用下，承重枋受损变形下沉，并导致上部砌体同步下沉，出现裂缝和漏雨状况。

第二，刹座砌体横向裂缝宽度较大，长期以来雨水渗入，腐蚀暴露在裂缝处的木柱表面，造成该处朽烂，影响塔内木结构安全。

第三，受砌体刹座及角梁变形下沉影响，屋面筒瓦受到牵连脱节下滑，挤压下部瓦造成屋面下沉，瓦件碎裂。

第四，塔顶内木结构年久失修，再加上刹座砌体及承重枋因承载力不足，同步变形下沉使得内部梁架结点松动，致使窜枋、角梁、木椽受压，变形下沉，产生安全隐患（图84）。

2．塔壁

（1）残损现状（图85）

第一，一、三、四、六层的西北、北、东北面外壁、砖砌倚柱、砖砌阑额粉刷层部分空鼓剥落，粉刷层面掉色约占总面积的60%。

第二，内壁在20世纪80年代大修时，曾对砖体接地面结构层予以加固，将松散砖石补齐复位，局部增设混凝土梁加固，内墙面粉刷为保留原历史信息，保持原样，现状保存较好。

（2）原因分析

第一，主要因江南空气湿度、雨量均较大，长久侵蚀抹面及缺少保养，造成面层逐渐与黏结层剥离，最终泛酥剥落。

外壁粉刷层剥落

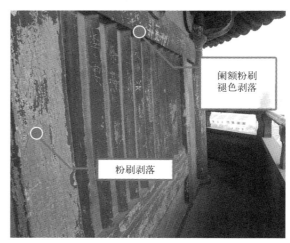

阑额粉刷褪色剥落

粉刷剥落

外壁粉刷层剥落

内壁粉刷层保留

图85　塔壁残损状况

檐柱油漆褪色

栏杆寻杖油漆剥落

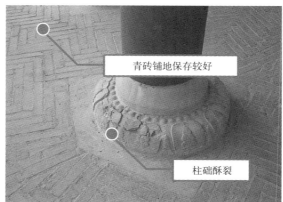

青砖铺地保存较好

柱础酥裂

图86　副阶残损状况

须弥座下枋处裂痕

月台铺装塌陷

图87　须弥座残损状况

第二，次因为初期管理不完善，游客随意乱涂乱画，损坏墙面抹灰。

3．副阶

（1）残损现状（图86）

第一，西北、西南、东南侧副阶檐柱及扶手栏杆表面油饰褪色剥落，占其总面积的60%。

第二，西南、西、西北处宝装莲花柱础，莲瓣及宝相花酥裂，占其总数量的35%。

第三，西北、西、东北处木椽、望板、平棊板朽烂严重，占其总数量的55%。

第四，南、东南、西北处副阶屋面筒瓦碎裂，檐口漏雨严重，危及内部木结构安全，占其总面积的40%。

（2）原因分析

第一，檐柱及栏杆油漆剥落是因江南空气湿度、降雨量大以及年久失修造成。

第二，柱础酥裂为风化及年久失修造成。

第三，椽望及平棊板因副阶屋面望板层缺少防水，致使雨水渗入造成。

第四，副阶屋面筒瓦破碎为屋顶亮化工程施工时捶打及年久失修造成。

4．塔座台基

（1）残损现状（图87）

第一，青石须弥座台基北、西、西北面束腰、下枋、圭脚雕饰有裂缝及较轻微的风化现象。

第二，东面延伸出的月台青砖铺地，局部塌陷30~45毫米。

（2）原因分析

第一，须弥座的裂痕在20世纪80年代后期大修以前已经存在，大修时针对残破形态，局部修复拼缝，表面风化现象则为自然因素造成。

第二，月台铺装塌陷为其下碎石垫层松散造成。

5．腰檐、平座

（1）残损现状（图88）

第一，塔体第二至六层的西、东北处腰檐屋面瓦垄局部损坏、渗漏，檐部钉帽残缺48支。

第二，西北、北、东北面木椽、望板朽烂，表面油起皮脱落，残损数量占总量的40%。

第三，塔体第二至七层腰檐铺作油色剥落现象较为严重，约占总量的80%，有顺纹裂缝的约占总量的40%。

第四，塔体第五至七层西南面扶手栏杆有栏板脱榫、晃动的险情，约占总量的40%。

第五，塔体第二至七层栏杆下雁翅板表面油色褪落，主要集中在西北、西南、东南面，约占总面积的70%。

第六，平座铺作油色层褪色程度较轻微，结构较好。

（2）原因分析

第一，屋面瓦垄不顺、钉帽缺失是屋面亮化工程施工时造成。

瓦垄不顺

椽望槽朽
油漆剥落

顺纹劈裂

构件脱卯、油漆剥落

平座铺作油漆褪色

雁翅板油漆褪色

图88　腰檐平座残损状况

壸门粉饰剥落

图89　壸门外壁残损状况

图90 装修残损状况

第二，椽望糟朽，油漆层起皮脱落为自然气候及腰檐屋面缺少防水层造成。

第三，腰檐铺作油漆剥落及木构劈裂现象均为构件老化、年久失修造成。

第四，平座栏杆脱卯晃动的险情系构件老化造成，油饰磨损系日晒雨淋、风化等自然因素影响造成。

第五，雁翅板及平座铺作油饰褪色均为年久失修及日晒雨淋、风化造成。

6．装修

（1）残损现状（图89、90）

第一，第六层南面壶门，顶部弧形收尖处，粉饰剥落，局部露出内部木质层部分。

第二，第三至六层破子棂窗窗棂保存较好，但油色层褪色、剥落较为严重。

第三，第一至六层登塔楼梯保存较好，但部分构件油色层磨损褪色。

第四，第五、六层木楼板部分松动。

第五，副阶处平棊受屋面漏雨渗入侵蚀，油饰层起皮脱落，较为严重。

（2）原因分析

瑞光塔自20世纪80年代末大修过后，二十多年未再保养维修，装修构件长期受自然及人为破坏影响，油饰褪色脱落。

三　残损评估及勘察结论

（一）残损状况

2010年5月，管理人员发现塔顶严重漏雨，雨大时六层楼面有积水。经勘察发现，为塔顶刹座下覆钵形砌体下沉开裂所致。同时，塔顶及六、七层木结构存在较为严重的安全隐患。由于20世纪80年代大修后至今未进行保养修缮，整个塔身油色剥落严重；局部屋面瓦件破碎，出现渗水现象；平座栏杆松动、木望板糟朽。具体情况下表4。

表4　　　　　　　　　　　　　　　残损状况就评估表

项目名称	残损状况	残损位置	残损评估
塔顶	覆钵下砌体下沉开裂，裂缝宽度100毫米以上。该处严重渗雨，砌体刹座下层面筒瓦脱节、破碎	西南、东南、东北	严重
第六、七层木结构	木抱梁表面糟朽、变形下沉，围绕塔心木的西南面立柱顶端糟朽，窜枋、角梁、木椽同步下沉，草架节点间联系松动、榫卯脱位	西南、东南	较差
塔壁	塔外壁红灰色粉刷层空鼓剥落，砖砌转角倚柱及阑额油漆剥落，内壁粉刷层保存较好	一层、二层、四层、六层、七层	较差
副阶	副阶檐柱、栏杆油漆层褪色剥落，木椽、望板、平棊板朽烂，瓦片破碎，瓦垄不顺，屋面漏雨	西北、北、东北	较差
塔座台基	须弥座上枋、束腰、下枋处有细微裂痕及风化现象，锁口石局部风化酥裂，月台青砖铺装塌陷	塔基北、西北、南、西南、东北	轻微
腰檐平座	屋面瓦垄不顺，钉帽残缺，木椽、望板朽烂，腰檐铺作及平座铺作油漆层不同程度地褪色剥落，平座栏杆及雁翅板油漆褪色磨损	二层、三层、六层、七层	较差
装修	壶门、破子棂窗、塔内木楼板及扶手楼梯均有油漆褪色、剥落现象	七层均有	较差

*　①严重：主要构件结构性损坏，有安全隐患；②较差：各部分构件局部损坏，结构尚安全；③轻微：构件略有缺损，对结构安全无影响。

（二）结论

瑞光塔自20世纪80年代后期维修以后，多年未进行过全面保养修缮。塔顶层承重枋受上部刹座砌体重压，由于承载力不足变形下沉，致使塔顶刹座砌体下沉开裂，裂缝位置透光漏雨，以及长期雨水渗入，又导致内部窜枋等横向联系木构件节点处受潮腐蚀，严重影响塔顶木结构稳定，造成严重的安全隐患，亟待抢救维修。相对塔顶险情而言，塔体结构基本稳定，勘察未发现严重安全隐患，但塔身外部构件出现油色层褪色剥落、木构件松动等情况，不利于文物建筑的价值展示延续，需进行保养维修。

四　维修申请及批复意见

针对该塔局部构件严重受损的现状，苏州市文物保护管理所制定了抢救性维修方案，并呈交上级业务主管部门逐级报批。

国家文物局提出审核意见。第一，对塔顶砌体的材料做法、局部开裂变形状况和残损程度勘察尚不到位，病因分析不准确。应补充对塔刹度座砌体的勘察测绘，进一步明确其构造及下沉原因，完善该部位的保护措施。第二，深入分析角梁下沉的原因，提出针对性的保护措施。第三，须弥座残损严重更换部分，在图纸中应予准确标示部位。第四，补充各层屋面渗漏情况的勘察说明，并根据防水层的破损情况，相应提出防水措施，确定屋面维修做法。第五，补充抱梁（柱联系承重枋）堆面尺寸加大的必要性说明和准确尺寸。第六，对望板糟朽状况及更换部位应尽可能量化，以便于指导具体实施。第七，补充对工程项目的详细概算。第八，进一步修改、规范方案文本和图纸。

收到国家文物局《关于苏州瑞光塔抢救性维修方案的批复》后，根据审批意见及现状实际情况，对"修改稿"中的方案进行了修改和完善。具体如下。

第一，文本第一章"建筑形制及结构"及勘测图纸"七层塔心剖面"，增加了塔顶砌体的材料做法；第二章第一节"塔顶及第六、七层木结构"详细说明了塔顶刹座砌体下沉开裂的状况、残损程度及病因；第三章第4节"维修抢救加固方案"及方案图纸"七层塔心剖面、加固详图一、加固详图二"，具体提出了塔顶刹座砌体及内部木结构的维修加固等措施。

第二，文本第二章第一节"塔顶及第六、七层木结构"，进一步分析说明了角梁下沉的原因；第三章第4节"维修抢救加固方案"及方案图纸"七层塔心剖面、加固详图一、加固详图二"，增加了该部位的加固技术措施。

第三，文本第二章第4节"塔基"及勘测图纸"立面图、一层平面图"，仔细勘察了须弥座裂缝的位置及程度。经勘察，现状中的裂痕系80年代后期大修时局部修复拼接的结果。故本次方案为保存各历史时期信息，保持现状不做改动，编制《苏州市瑞光塔抢救性维修方案（完善修改稿）》（简称"完善修改稿"）。

第四，文本第二章第3节"副阶"，第5节"腰檐、平座"及勘测图纸"立面"，对各层屋面的残损情部进行了分析说明；第三章第4节"维修抢救加固方案"及方案图纸"立面"，提出了屋面部位的维修技术措施。防水措施根据"不改变文物原状的原则"，在屋面瓦件揭顶后，按原防水层做法修复。

第五，原文本中"抱梁"叫法并不准确，在本次修改稿文本中改为"柱联系承重枋"更确切，文本中简称"承重枋"。该枋主要承担了部分塔座砌体荷重，结构牢固度极为重要，有必要对该枋进行加固。调整后的方案中主要加大了抱梁的截面尺寸，提高整体强度。另外，在枋下增加了竖向木托支撑，加强承重枋荷载能力。

第六，文本第二章第3节"副阶"，第5节"腰檐、平座"及勘测图纸一层至六层仰视图，勘察分析了各层望板、木椽层的糟朽情况。针对这些情况，在文字说明第三章第4节"维修抢险加固方案"及方案图纸一至六层仰视图中，详细说明了各层望板的维修技术措施。

第七，文本第四章"工程概算"根据维修方案修改稿内容，重新核算工程计量编制了项目概算。

第八，文本、图纸按国家文物局审核意见调整，深化了现状勘察和险情原因分析，补充了节点加固详图，完善了勘测图及方案图。

五　抢救性维修方案

（一）设计原则

第一，以《中华人民共和国文物保护法》中"不改变文物原状"为原则，最大限度地保留原有构件和历史信息。

第二，设计中除为了更好地保护文物建筑的安全而采用的加固材料外，其他所有维修更换的材料应坚持使用"原材料、原工艺、原形制"的原则进行维修施工。

第三，坚持尽量少干预的原则，更换构件要严格限制，以加固为主。

（二）设计依据

1．《中华人民共和国文物保护法》
2．《中国文物古迹保护准则》
3．《江苏省文物保护条例》
4．《文物保护工程管理办法》
5．瑞光塔残损现状、原因分析及评估结论

（三）指导思想

第一，制定有效的维修方案，以排除影响文物建筑结构安全的隐患和险情，更利于瑞光塔整体文物价值的保存和充分展示。

第二，此次维修更换及加固用的构件部分，可分别根据不同的材料采用刻字、墨书、模印等方法在适当部位做出标识。

第三，全面保护维修塔体外立面，重点抢修塔顶刹座砌体开裂部分，以利于木结构及主体的保护。

第四，对历史上曾干预或维修过的部分，其现状结构若对文物建筑本体结构原状构成不安全因素，须予以调整或拆除，使建筑本身的受力状况恢复原有结构的稳定状态。

第五，第一次现场勘察测绘因塔顶内部草架等木构件均被隐蔽，维修施工时，应先揭除塔顶屋面。如发现与本方案所述不同之处，以及本次测绘未发现之处，应及时汇报上级主管部门及设计单位，协商讨论后，再予施工。

（四）维修定性

第一，针对塔顶刹座砌体开裂的险情及内部木结构年久失修造成整体构架松动变形的隐患，采用揭顶不落架、局部加固的维修方式（主要加固塔体第六、七层内构架及草架部分）。

第二，针对塔体外立面由于年久失修及日晒雨淋等自然及人为因素影响而造成的残损，采用保养性维修的方式。

（五）维修抢险加固方案

1. 塔顶及六、七层木结构

（1）总体说明

瑞光塔自20世纪80年代末大修过后，至今已二十多年未曾进行过保养维修。塔顶层承重枋（80年代末大修时更换的构件）、承重枋与柱连接的节点发生变形并下沉且截面面积较小，枋下无其他竖向支撑构件，长期受到上部砌体荷载作用的影响，造成承重枋、刹座砌体同步下沉，砌体上部形成高度100毫米以上的横向裂缝。塔顶内其他主要木构件（如窜枋、角梁、木椽等）受其影响，造成结点松动、局部下沉等安全隐患。根据塔顶层的险情勘察及原因分析，为了排除安全隐患，对塔顶屋面揭顶后，在不破坏原明代屋架形制的前提下，依照从下到上的顺序，分别对内部主要承重、联系木构件（如群柱柱角、窜枋、角梁、草架、承重枋）采用多种形式的加固措施。加固时保持原结构、原形式，并以原有构件为主，钢构件为辅，对塔顶结构进行整体加固。塔顶所采用的加固措施在提高整体结构的稳定性及结构强度的同时，应做到不破坏原塔顶木结构的外观风貌，即钢构件最大限度的隐蔽。

（2）维修加固技术措施

①第六层内群柱柱角加固

为了加强群柱柱角结构的稳定性，必须先加固第六层地面处，联系群柱柱角的卧地对角梁。在联系卧地对角梁的扶手栏杆下部，增设截面厚度为100毫米的地栿，提高卧地对角梁的整体强度。

②窜枋加固

现状中，第六、七层窜枋受塔顶刹座砌体及柱联系承重枋下沉牵连，结点榫卯松动，局部下沉。为了增强整体稳定性及结构强度，窜枋榫卯归位密实后，在其下面内侧一圈的隐蔽部位，使用5毫米×50毫米×200

毫米／400毫米的L形镀锌钢板固定焊接，钢板表面用壸门或80毫米厚替木装饰掩盖，以保持塔内传统风貌不被新增钢构件破坏。

③角梁加固

受塔顶刹座砌体及柱联系承重枋下沉影响，下部角梁发生变形下沉。为增加角梁整体结构强度，在八根角梁根部顶面增加一圈5毫米×60毫米×250毫米的不锈钢扁钢，以直径8毫米螺栓连接，使各角梁相互联系，形成整体构架。为防止塔顶屋面在年久失修的情况下，子角梁与老角梁之间承载力不足，造成翼角断裂，须在老角梁与子角梁顶面夹角部位，增设50毫米×50毫米镀锌角钢，并用直径8毫米螺栓连接，使两者整体性及承载力得以加强。

④草架加固

塔顶内部草架受下方木椽遮挡，残损情况不详。但根据原图纸档案及现场可见木结构来看，草架木结构受上部角梁下沉影响，构件本身年久失修，桁条结点处有歪闪、下沉等安全隐患。为了排除安全隐患，在塔顶屋面揭顶后，需要对整个草架进行整体加固。对所有桁条顶部增加一圈5毫米×50毫米×400毫米的不锈钢扁钢，使其两两相连，且每根桁条于木梁顶部，用特制不锈钢塔钉固定，使得桁梁构架整体强度大大增强。另外，为加大承载力和稳定性，童柱及木梁连接处增加三角形不锈钢支托，童柱底部与木梁连接处，增加梯形木托角。

⑤承重枋加固

刹座砌体下沉开裂的主要原因是20世纪80年代末大修时更换的塔顶承重枋截面面积较小，枋下缺少竖向结构支撑，承载力不足，受压变形导致。维修过程中，拆除现在的塔顶层承重枋，并按原形式、原材料、原工艺基础上，加大承重枋截面厚度50～100毫米，并在承重枋与八根立柱结点底部，增设80毫米×180毫米×120毫米的梯形木托，做榫卯连接，增加承重枋整体稳定性与承载力。

⑥重砌刹座砌体

原刹座砌体为砖石叠砌，因塔顶内木结构年久失修、构件老化、承载力不足等原因下沉开裂。方案中，在加固塔顶内部木构架加固完毕后，按原形式、原材料、原工艺重新叠砌。

⑦整理塔顶屋面

塔顶屋面受刹座砌体下沉牵连，瓦件下滑碎裂。维修时，按原形式、原材料、原工艺进行更换。

2．塔身

（1）总体说明

塔身整体于20世纪80年代末进行过大修，对残损的副阶以及腰檐、平座、塔刹进行了修复，并对塔身砖体结构进行了加固。但塔身已有二十多年未进行较为全面的保养维修，长期日晒、雨淋，再加上人为因素干扰，塔身的塔壁、副阶、塔基、腰檐、平座、装修等部分，均有不同程度的残损状况，须对塔壁、副阶、塔座台基、腰檐、平座、装修进行保养性维修保护。

（2）维修措施

① 塔壁：因长期日晒雨淋，人为乱涂乱画，塔外壁及砖砌阑额粉刷层空鼓、剥落严重。方案中小心铲除原剥落的外墙抹灰，按原材料、原色调、原形式重新粉饰。油色层褪色剥落的，清理基底，按原油色工艺重新油饰。

②副阶：该处屋面严重渗雨，望板、飞椽均有大面积腐朽，因此方案中予以揭顶，按原形式、原材料、原工艺更换腐朽的望板、飞椽，并补齐残缺的瓦件，施工揭顶后，根据"不改变文物原状的原则"，防水层按原样修复。檐柱及栏杆的油色层按原色调、原材料重新油饰。风化碎裂的莲花柱础按原材料挖补、拼镶。

③塔座台基：须弥座束腰20世纪80年代末进行过修补，现基本完好，保持原样。月台铺装因垫层基础松散塌陷，须按原材料、原工艺进行修补。

④腰檐、平座：因腰檐屋面筒瓦及底瓦局部碎裂，下部木结构（望板、木椽、铺作）油漆层长期受雨水渗入侵蚀，大面积起皮脱落。另外，第六、七层平座栏杆局部木构件榫卯松动，有安全隐患。维修时，先对腰檐屋面揭顶，破损的瓦件预先送往相关单位印模烧制，再按原油色工艺对其下木结构，望板、木椽、铺作结构等全部重新油漆，且对栏杆局部木构件有榫卯松动情况的，归位后，用L形铁件固定于榫卯结点处，加强结构强度。补齐残缺瓦件，防止屋面渗雨。

⑤装修：现状中，塔身内、外装修工程，如壶门、破子棂窗、登塔楼梯、木楼板等，表面油色因自然及人为因素影响，褪色脱落较严重。方案中清理原有饰面，按原形式、原材料、原工艺修补，保持其原宋代色彩和风格特征。

3．其他

（1）防腐：与墙面相贴的木构件及易受潮腐朽的木结构，必须做防腐处理，可涂刷水柏油二度来进行防腐。

（2）防虫：维修工程木构件必须做防虫处理，可采取喷灌白蚁防治剂处理，药剂使用不得对人畜有害或污染环境。

（3）防雷：根据国家的防雷设计规范对瑞光塔原有防雷设施重新检测，达到国家规范要求。

（4）消防：维修工程中应考虑消防要求，配备消防措施，内部配置灭火器，外部配置消防栓。

（六）维修要求

1．施工前准备

（1）清理施工场地，并配备相应的安全措施。

（2）搭设施工外脚手架，搭设要求符合行业规范。

（3）搭设维修屋面防雨棚，不使文物本体遭受二次损坏。

（4）施工前针对维修部分进行施工勘测，并绘制草图，对各类构件要详细记录及编号。

2．屋面

对屋面进行揭顶拆除，拆除时禁止使用大型工具进行敲、凿，以免对构件产生破坏。拆卸后，应将构件归类存放，为将来修复做准备。在塔顶屋面揭顶完毕后，首先应对塔内木构架认真检查，分组编号，在揭顶过程中不得损坏屋面瓦件及其下木基层，确保构件完整无损。

3. 木结构

若发现塔顶内部被隐蔽的木柱存在糟朽情况，且损坏深度不超过木柱直径1/2，采用同一种木材包镶修补方法，加胶填补、楔紧；包镶较长时，应用铁件加固。当柱外皮完好，柱心糟朽时可少量采用化学材料浇筑法加固。当塔顶内梁类构件糟朽断面面积大于原构件断面1/5时，不宜修补加固，应更换构件。用于替换的木材料应选用含水率不大于25%的优质木料，并事先经过防腐、防虫处理。木结构中用于加固的铁、钢构件全部采用防锈处理，并置于隐蔽部位，做到隐而不露，连接严密牢固，外观整齐美观。

4. 构件保护

瑞光塔内外有许多价值较高的构件，如塔外壁平座，塔内"七朱八白""折枝花"等宋代彩塑残迹，塔底层石雕须弥座等，在抢修工程全面实施前，应制定专项构件防护措施，有效对价值较多的构件进行防护，防止造成施工损坏。

5. 综合评估

瑞光塔维修后需要进行综合评估。工程应最大限度地保证原构件的安全和完整性，在不改变文物的外观风貌的前提下，提高结构整体强度。同时注意实际工程的可操作性和实效性，达到排除险情、延续及充分展示文物价值的目的。

六 防雷设计方案

（一）现状勘察

1. 建筑结构

瑞光塔为七级八面，呈八边形。第一层每边檐口长约9.6米，每边垂脊长约6.47米；第二层每边檐口长约6.53米，每边垂脊长约3.01米；第三层每边檐口长约6.08米，每边垂脊长约3.02米；第四层每边檐口长约5.5米，每边垂脊长约2.62米；第五层每边檐口长约5米，每边垂脊长约2.67米；第六层每边檐口长约4.91米，每边垂脊长约2.56米；第七层每边檐口长约4.42米，每边垂脊长约2.3米。

2. 气候环境

苏州年平均雷暴日为52.4 d/a，属于多雷区，且瑞光塔高约53米，四周无高大建筑物，所以易遭受雷击。瑞光塔的土壤电阻率为240欧姆·米。

3．防雷设施现状

瑞光塔塔顶已有接闪针，接闪针总高度约11.27米，材质为铜，截面为60平方毫米，支撑杆为不锈钢钢管，共3段，直径依次为38毫米、35毫米、33毫米。设有一根引下线（铜绞线），引下线与接闪针连接是采用压接的方式，引下线为60平方毫米。瑞光塔顶层的垂脊上未安装接闪带。原有引下线未设置断接卡，且根据《建筑物防雷设计规范》GB50057-2010的要求瑞光塔防雷引下线的数量不够，原有引下线需保养维护。经检测原有引下线的接地电阻为1.56欧姆。

4．雷电风险评估

（1）建筑物年预计雷击次数应按下式计算

$N=k \times Ng \times Ae$

$=1.5 \times 5.24 \times [29 \times 26+2 \times 55 \times (53 \times 147) 0.5+3.14 \times 53 \times 147] \times 10-6$

$=0.21$次/a

（2）可接受的最大年平均雷击次数Nc的计算

因直击雷和雷电电磁脉冲引起电子信息系统设备损坏的可接受最大年平均雷击次数Nc按下式确定：

$Nc=5.8*10-1.5/$

$Nc=5.8*10-1.5/C=0.18/2+2.5+0.5+1+1+1=0.0225$（次/a）

（3）结论：由于N＞Nc，所以需要安装防雷装置。

5．勘察结论

（1）根据文物防雷标准《文物建筑防雷工程勘察设计和施工技术规范（试行）》，瑞光塔是全国重点文物保护单位，且预计雷击次数为0.2次/a，大于0.05次/a，故为第一类防雷文物建筑，应按照《建筑物防雷设计规范》GB50057中对第二类防雷建筑的要求设计安装避雷设施。

（2）瑞光塔原有避雷设施老化，需进行保养维护。

（3）苏州为雷暴天气多发地区，发生古建筑雷击事故的几率较高。

（3）瑞光塔是周边建筑的制高点，引雷风险较高。

（4）瑞光塔外檐为木结构，一旦被雷暴袭击，容易引起火灾，导致文物本体的严重破坏。

（5）瑞光塔位于开放景区内，人员密集，应提高安全防范措施，防止雷击伤人事件。

综上，需对瑞光塔防雷设施进行维护和更新。

（二）瑞光塔防雷维护方案

1．维护依据

（1）《文物建筑防雷工程勘察设计和施工技术规范（试行）》

（2）GB50057-2010《建筑物防雷设计规范》

（3）GB50016-2006《建筑物设计防火规范》

（4）IEC60364-5-534《建筑物的电气设施——过电压保护器件》

（5）IEC61024-1-1《建筑物防雷——防雷装置保护、级别的选择》

（6）《古建筑消防管理规则》

（7）当地气象资料及现场勘察情况

2．措施

外部防雷装置分接闪器、引下线和接地装置三部分组成，外部防雷主要是保护各建筑，降低直击雷的危害。

（1）接闪器

接闪器采用接闪针及接闪带混合使用的方法。

根据计算原有接闪针符合规范要求，所以本方案只对接闪针进行简单的维护保养。即对接闪针、支撑杆及底座进行除锈刷漆等。

在瑞光塔塔顶上安装接闪带，接闪带采用Φ10的圆铜，安装形式采用明敷。接闪带安装在屋顶的垂脊上，然后将垂脊顶部环通。当接闪带在屋面敷设时应采取合适的方法，以减轻屋面的负重。

接闪带的固定支架高度距瓦面100毫米，高底约150毫米。支架采用Φ10的圆铜，且垂脊上预留孔位，接闪带与支架连接采用放热焊接。每个支架的间距为1000毫米。接闪带在安装时，应平正顺直或弯曲随形的在垂脊及戗脊处的吻兽上方敷设，并采用支架固定。

接闪带的连接、接闪带与支架的连接，即铜材与铜材的连接。

连接工艺采用放热焊接，并做到焊接的导体必须完全包在接头中，保证连接部分的金属完全熔化、连接牢固，接头平滑且无贯穿性气孔。

（2）引下线

①引下线的规格

根据GB50057《建筑物防雷设计规范》原有引下线符合规范要求，方案只对原有引下线进行维修保养，并增加一根引下线，增加引下线采用不小于90平方毫米的铜绞线。

②引下线的布置

原有引下线沿塔身引下，位于东南方向，另一根引下线也沿塔身引下，设于西北方向，铜绞线在接闪针混凝土板底下不锈钢管上的螺杆上紧固后，沿顶部屋面内壁敷设至屋顶西北角老戗底部，然后沿塔身引下，位于东南方向。引下线与接闪针的连接采用压接，引下线与接闪针的连接即引下线与不锈钢管上螺杆的连接。接闪针与接闪带的连接也采用压接的方式，用一根不小于90平方毫米的铜绞线将接闪针与接闪带连接起来，即铜绞线在螺杆上紧固后沿不锈钢引至不锈钢板底然后与垂脊顶部的接闪带连接。多根引下线时，引下线的间距不大于18米，引下线连接点的过渡电阻不大于0.03欧姆并做好防腐，距地面一端穿绝缘管埋地与接地体连接。

引下线采用明敷的形式，布置引下线时，从文物建筑上的接闪器下端紧固后沿塔身顺直引下。明敷引下线在人员可能停留或经过的地方敷设时，采用不小于3毫米厚的交联聚乙烯层保护。引下线在穿透每层楼的平面时，先在280毫米×50毫米的青砖层开一个直径为50毫米的孔，然后打通青砖层下的混凝土层，再在平面下方的两个梓桁板间开孔，最后用钢管将上下的孔贯通，将铜绞线穿过平面层到下一层。每层根据上述方法将引下线引至第一层，引下线贯通后，每层开孔造成的破坏由古建修复公司修复。

引下线采用抱箍或支撑卡子进行固定，并在引下线距地面不低于300毫米处设断接卡，断接卡采用等电位汇流箱KBT-H28，汇流箱大小为175毫米×98毫米×50毫米，原有引下线增加断接卡，引下线与地网分别与等电位汇流箱连接。在距地面不少于300毫米处开槽，将汇流箱预埋到塔身内。引下线穿透塔基与地网连接，在距塔基边缘800毫米处挖一个直径为150毫米的坑，深度为1500毫米，并在室外地面离塔基500毫米处也挖一个直径为150毫米的坑，深度为500毫米，然后用钢管将两个坑的底部贯通，最后将引下线与地网连接，具体见施工图。完成后塔基由古建修复公司修复。

（3）接地装置

根据计算得出接地电阻值大于10欧姆，所以本方案采用长效电解离子接地极 KBT-LJD-50/1000 对地网进行降阻，数量为3支。

①防直击雷接地装置

围绕文物建筑附近敷设A型接地体，地网设于瑞光塔西北方向的绿化带内，为三角形状。水平接地体采用镀锌扁钢40毫米×4毫米，垂直接地体采用镀锌钢材质专用接地极L50毫米×50毫米×5毫米×2500毫米，并增加长效电解离子接地极 KBT-LJD-50/1000。

瑞光塔共一处地网，地网采用40毫米×4毫米热镀锌扁钢作为水平接地体，共计15米，垂直接地体镀锌钢材质专用接地极L50毫米×50毫米×5毫米×2500毫米，共计3支；长效电解离子接地极 KBT-LJD-50/1000，共3支（见表5）。

表5　　　　　　　　　　　　　　接地极型号表

名称	型号	规格	单位重量（KG）	冲击电流电化率△R	冲击耐受电流密度
长效电解离子接地极	KBT-LJD	50/1000	4	<1%	1000KA/平方米

②接地装置施工方法

根据现场情况合理布置地网，地沟深度不小于500毫米。为防止跨步电压，地网设计需远离道路，因某些情况必须经过时，应使地带地沟深度不小于1米，并在回填时地沟表面敷设15毫米厚的砾石层。

在地沟内敷设扁钢带作为地网的水平接地体，接地极垂直敷设在地沟内，间距不少于5米，若场地受限，可适当调整。

长效电解离子接地极与水平接地体采用焊接。

接地极与水平接地体采用焊接，焊接牢固，接触良好，不得有裂缝和虚焊等，焊接部分采取防腐处理。

所有连接体及焊缝检查合格后方可填土，在填土前要对隐蔽工程进行拍照。

地沟分三次回填，先将细土回填到地沟的底部，夯实，再将粗土回填到第二层，最后将其他土质回填到地沟表面。

接地电阻值必须符合设计要求，隐蔽工程部分应有检查验收合格记录。接地装置施工完工后，对绿化带进行恢复。

接地装置每年进行一次维护。

接地装置制作完毕引出地面设接地断接卡，断接卡采用等电位汇流箱 KBT-H28，引下线与地网分别与等电位汇流箱连接。

6．材料清单（见表6）

表6　　　　　　　　　　　　　　防雷材料清单表

序号	名称	型号规格	单位	数量
1	接闪带	Φ10圆铜	米	90
2	引下线	90平方毫米铜绞线	米	123
3	水平接地体	40毫米×4毫米镀锌扁钢	米	15
4	垂直接地体	50毫米×50毫米×5毫米×2500毫米镀锌角钢	根	3
5	离子接地极	KBT-LJD-50/1000	块	3
6	等电位汇流箱	KBT-H28	个	2
7	放热焊		处	88
8	辅材	放热焊模具等	宗	1

伍 施工组织与管理

一　监理规划

（一）工程概况

此次修缮工程依据《中华人民共和国文物保护法》《中国文物古迹保护准则》《江苏省文物保护条例》《文物保护工程管理办法》《苏州市古建筑保护条例》《苏州市文物古建筑维修工程准则》等法律、法规，维修遵循"不改变文物原状"的原则，最大限度地保留原有构件，损坏构件以修补为主，无法修补影响安全的构件应采用原材料、原结构形式、原工艺进行替换。抢险维修工程主要包括三方面内容。

1. 塔顶及六、七层木结构加固

根据现状及相关历史资料，将塔顶屋面揭顶后，依照从下到上的顺序，分别对承重、联系木构件采用多种形式的加固措施，加固时保持原结构、原形式，保证使用传统工艺和最大可能地使用原构件。

2. 塔身维修

塔身自20世纪80年代末大修以来，已有二十多年未进行过较为全面的保养维修，塔身各部分均有不同程度的残损状况，须对塔壁、副阶、塔座台基、腰檐、平座、装修进行保养性维修保护。

3. 防腐、防虫、防雷、消防

木构件须做防虫处理；易受潮腐朽的木构件须做防腐处理；对原有防雷设施重新检测，须达到国家规范要求；维修工程中应考虑消防要求，配备消防设施。

（二）监理工作范围、依据和目标

1. 监理工作服务范围和依据

监理工作组遵循"不改变文物原状"的原则，严格依据《苏州市瑞光塔抢救性维修方案》的内容要求，在业主的授权范围内，对本工程的施工准备期和施工期进行全工程、全方位、全天候的监理。对施工准备期和施工期的质量控制、进度控制、费用控制、合同管理、信息管理和工作协调实施全面的管理。

2．监理工作的目标

监理工作的主要目标包括质量目标、进度目标、费用目标、合同管理以及信息管理目标等。

（1）质量目标

建立全面的质量控制体系，针对瑞光塔维修工程的特点及重点难点，强调以事前控制为主，强化承包人自检体系的管理，严格做好文物古建的中间质量检验以及现场质量验收，从而形成承包人自检、总监理工程师抽检的二级质量保证体系，争取达到优质工程的质量标准。

（2）进度目标

要求施工承包人根据合同要求提交工程总进度计划、年度和月度施工进度计划，审查并督促其实施，及时进行计划进度与实际进度的比较，出现偏差时责令承包人进行调整，以保证工程在合同规定的工期内竣工。

（3）费用目标

认真审查承包人提交的现金流量计划，现场核实工程数量和计量，审查签发付款证书。严格审计日工、额外工程、设计变更、价格调整，认真仔细地做好施工现场记录，当承包人要求额外补偿时，准备好各种证据和资料。为业主把好费用关，力争使工程费用不超过计划费用。

（4）合同管理目标

认真贯彻施工承包合同和监理委托合同，充分发挥监理的控制与监督作用，协调业主、承包商及各协作部门的关系，规范约束合同各方的行为，提高工程整体管理水平。

（5）信息管理目标

按照合同及工程管理规范要求，按期填报各种表格和报告，做好质量的评定、评分以及各种表格的统计、整理、归档和信息传递工作，确保交工和竣工验收资料的及时和准确提供。

（6）组织协调目标

充分发挥监理作为第三方的作用，尽量组织协调好参建各方的关系，确保各项工作始终处于有条不紊的工作状态。

（7）安全文明管理目标

认真审核承包人的安全文明生产措施，督促承包人建立安全文明生产的组织保证体系，落实安全生产责任制、现场监督检查、文明施工等各项措施，做好文物本体安全保护措施，确保工程安全的事故为零。

（8）监理服务目标

要发扬我单位健全的监理服务质量保证系统以及文物保护工程技术和经验优势，全方位地为本工程的管理提供优质的服务，确保单位质量目标的实现。

（三）监理组织机构

监理部组织机构如下所示（图91）。

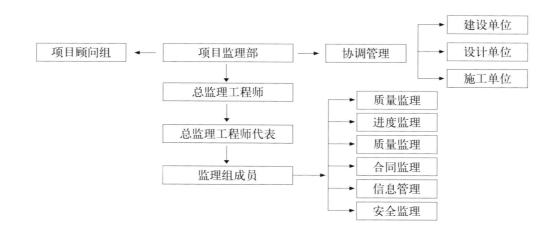

* ①以上人员为专业监理人员，监理组成员将进行大量的旁站工作；②为使本工程顺利实施，本项目配备了项目顾问组，
负责解决工程监理过程中出现的重大技术问题。

图91 维修工程项目监理组织机构图

（四）监理工作程序

1．开工前期的监理

施工监理准备阶段的主要任务有组建项目监理班子、熟悉合同文件、编制监理规划细则、复核设计图纸、熟悉工程现场；认真审查施工组织设计和施工方案有没有针对瑞光塔文物特点进行编制，有没有符合文物保护的规范要求；准备召开第一次工地会议。

（1）施工监理工作准备

①人员进场，按监理委托合同规定的进场时间组织监理人员进场，并按照工程进度计划，在满足工程监理需要下，逐步安排监理人员到位。

②根据合同规定，提前做好监理所需各项设施的准备工作，以保证监理人员到位后能正常地开展工作。

③熟悉合同文件及有关标准，对合同文件中存在差错、遗漏、含糊不清等问题进行查证，并作出合理解释。

④对图纸及定线数据进行现场复查，审查图纸应对文物古建具有针对性。

⑤施工环境调查。

⑥准备监理图表，按业主规定的要求和格式做好监理用表的印刷和使用准备工作，确保工程开工就能使用。做好监理办公室内图表的上墙工作，以便于工程的指挥和调度。

⑦建立监理文档分类与管理办法。

（2）督促承包人建立质量保证体系

①要求承包人申报质量保证组织体系，审定质检负责人的资格。

②明确承包人自检人员的职责与要求，自检各单项工程开工条件，提供有关技术资料；施工中对每道工序或工艺进行现场自检；按合同规定的抽样频率、时间、方法及时进行取样或现场试验，并进行监督管理；建立质量档案，随时为总监理工程师及交工验收提供施工资料。

（3）施工准备阶段工作的主要内容

①审批开工申请

②总监理工程师根据施工合同规定的日期，按时向承包人发出开工令，对承包人提出的各项开工申请进行审查，主要审查内容是否齐备、各项条件是否具备，在各项内容和条件均符合开工条件时批复分项工程开工。

③验收承包人对工程场地的占用。

④总监理工程师对承包人提出的场地占用计划进行审核并提交给业主，以便及时完成工程场地的准备和承包人的进驻，占用时间内，督促承包人管理好工程用地。

⑤第一次工地会议的准备

在工程开工之前，施工单位和监理人员均进场后，总监理工程师将筹备和及时召开第一次工地会议，以明确各方组织机构、质量监督体系、主要工作人员、明确办事程序、监理工作程序、质量检查验收程序等。

2．施工阶段的质量监理

（1）工程质量监理的任务

通过对工程施工的全过程监理，最终实现工程质量目标。

为了保证工程质量目标的实现，监理对工程施工进行全过程的质量控制。在招投标阶段，修订"技术规范"、完善和补充质量目标、审查评估投标人的资质和投标方案。在施工准备阶段，要审查施工队伍的开工准备工作，包括人员、设备的进场计划，调查材料供货商并审查认可，承包人质保体系的完善和建立，施工技术方案的审查和批准等。在施工阶段则要求监理以旁站、试验、测量等方式对施工进行全过程的监督管理。施工中，每道工序都能保证施工质量，最后每项工程都要在质量符合要求的前提下验收、认可。

要有效控制工程质量，一定要坚持监理工作程序。要做好开工前的审查批准工作，每道工序都必须经过认真仔细的检查认可，关键部位要进行旁站监理。在开工申请、工序检验和中间交工阶段这些重要的环节上把好质量关。

（2）工程质量监理的依据

质量监理依据主要包括：

①招标文件；

②施工承包合同；

③设计文件；

④技术规范和验收标准；

⑤国家有关的法律法规等。

（3）工程质量监理的基本程序

①开工报告；

②工序自检报告；

③工序检查认可；

④中间交工报告；

⑤中间交工证书；

⑥中间计量。

（4）工程质量监理的主要工作

质量监理的主要工作包括材料检验、现场监理、分部验收、质量缺陷及事故的处理等。

①材料检验

材料检验是对材料或商品构件进行预先鉴定，以决定是否可以用于工程。

采购施工材料前，要求承包人提供生产厂商的产品合格证书及试验报告，或由承包人提供样品进行试验，以决定同意采购与否。

文物本体破损的材料、构件需要更换的，应使用原材料更换。

②现场监理

现场监理是对承包人的各项施工程序、施工方法和施工工艺以及材料、机械等进行全方位的巡视、全过程的旁站、全环节的检查，以达到对施工质量有效的监督和管理。文物本体应按照原工艺、原形式维修。

③分部验收

当分部工程完工后，承包人的自检人员应再进行一次系统的自检，汇总各道工序的检查记录，测量和抽样试验的结果，提出交工报告。自检资料不全的交工报告，专业监理工程师应拒绝验收。

未经分部验收或检验不合格的工程，不得进行下项工程项目的施工。

④质量缺陷处理

在各项工程的施工过程中或完工以后，现场监理人员如发现工程项目存在质量缺陷，或不能与公认的良好工程质量相匹配时，应根据质量缺陷的性质和严重程度处理。

⑤质量事故的处理

当某项工程在施工期间（包括缺陷责任期）出现安全问题以及破坏文物原貌和结构等问题的情况时，应视为质量事故。按规定程序处理。

（5）施工过程质量的控制要点及措施

①塔顶及六、七层木结构

根据塔顶层的险情勘查及原因分析，排除安全隐患，对塔顶屋面揭顶，在不破坏原屋架形制的前提下，从下到上分别对内部主要承重、联系木构件（如群柱柱角、窜枋、角梁、草架、承重枋）采用多种形式的加固措施，加固时注意保持原结构、原形式，加固材料以原有构件为主，钢构件为辅，塔顶采用的加固措施在提高整体结构稳定性及结构强度的同时，应做到不破坏原塔顶木结构的外观风貌，即做到最大限度地隐蔽钢构件。

维修加固措施包括：群柱柱角加固，窜枋加固，角梁加固，草架加固，承重枋加固，整理塔顶屋面。

②塔身

塔身的塔壁、副阶、塔基、腰檐、平座、装修等部分，均需要进行保养性维修保护。

塔壁原外墙抹灰应小心铲除，按原材料、原色调、原形式重新粉饰；油色层褪色剥落的，清理基底，按原油色工艺重新油饰。

副阶屋面予以揭顶，按原形式、原材料、原工艺更换腐朽的望板、飞椽，并补齐残缺瓦件，施工揭顶后，应根据"不改变文物原状"的原则，按原样修复防水层；檐柱及栏杆按原色调、原材料重新油饰；风化碎裂的莲花柱础按原材料挖补、拼镶。

月台铺装垫层基础松散塌陷，须按原材料、原工艺进行修补。

腰檐屋面揭顶，破损的瓦件预先送往相关单位印模烧制，再按原油色工艺对其下木结构、望板、木椽、铺作结构等全部重新油漆。对栏杆局部木构件有榫卯松动情况的归位后，用铁件固定，加强结构强度；最后重做苫背，补齐残缺瓦件，防止屋面渗雨。

清理塔身原有装修饰面，按原形式、原材料、原工艺修补，保持其原宋代色彩和风格特征。

③其他

防腐：与墙面相贴的木构件及易受潮腐朽的木结构，必须做防腐处理，涂刷柏油二度进行防腐。

防虫：维修工程木构件必须委托有专业资质的单位做防虫处理，药剂不得对人畜有害或污染坏境。

防雷：对原有防雷设施重新检测，如符合国家规范要求则保留；如不符合要求，则按照国家规范要求重新安装防雷设施。

消防：维修中应考虑消防要求，配备消防设施。

3. 工程费用监理

（1）费用监理的任务

工程费用监理的任务是使工程费用在不影响工作进度、质量和生产操作安全的条件下，不超出合同规定的计划范围，并保证每一笔支付的公正性和合理性。费用监理的主要职责是：

审查中标单位编制的施工组织设计、施工进度计划，签发预付款通知书、核实已完工工程的合同工程量清单、签发相应的付款通知书、审查工程变更及引起的工程量变化、核算施工单位提交的因政策需调价等因素而提出的工程费用变化清单，报请建设单位批准。对由于施工单位责任造成的工程损失进行测算，报请业主提出反索赔，协助业主编写竣工决算。

严格控制工程变更，如增减工程量、更改设计、更改施工顺序等，防止或减少因勘测资料不足、设计考虑不周、提高设计标准、施工安排不合理、质量不合格等原因导致工程变更，突破费用控制目标。

（2）工程量清单

总监理工程师进场后应熟悉工程量清单和其说明的有关内容，掌握工程具体项目的工作范围和内容、计量方式、原则和方法。

工程量清单的管理主要是核查清单工程数量及工程实施中的工程数量变更、修改等工作，以便于进行计量。

（3）工程计量与支付

①工程计量工作主要是根据承包人提交的计量申请，依据工程量清单、施工图纸、工程变更令及修订的工程量清单、合同条款、技术规范、补充协议书等进行审查，并对计量结果做出准确的文字记录，副本抄送给承包人。

计量工作由现场专业工程师计量统计进行，总监理工程师审批，以确保计量的准确性。

②计量的原则是按合同文件所规定的方法、范围、内容、计量单位，以总监理工程师同意的计量方式计

量，对不符合合同文件要求的工程则不予计量。

③工程支付工作主要是在规定的时间内审查承包人的支付申请，主要审查支付项目是否满足合同要求，各项资料、证明文件手续是否齐备，所有款项的计算与汇总是否准确无误等。审核符合要求后，签发支付证书上报业主，并将副本抄送给承包人。

工程支付工作由总监理工程师负责，总监理工程师审批，由业主支付。

4.工程进度监理

（1）进度监理的任务

进度控制的任务是采取措施确保工程项目建设时间目标的实现。分段的任务如下：

①在施工招投标和开工准备阶段

本阶段进度控制的主要任务是审查承包人申报的施工进度计划，包括施工技术方案和组织计划。

监理应仔细审查施工技术方案和组织计划，以判断承包人是否有实力保证工程按期交工。

②施工阶段

在施工开始后，监理的任务主要是协调施工力量、检查调整进度计划，以保证总目标的实现。

监理要加强对工程延期的管理，应严格审查承包人的延期申请，并采取调整计划，尽可能保证总工期目标的按期实现。

监理在施工期间，更要重视预防避免工期延误，主动协调好可能影响工程进度的每一个环节，以避免和减少工程延期情况的出现。

（2）进度监理的方法

①进度计划的提交

总监理工程师进场后，及时通知承包人书面提交工程总进度计划和各项特殊工程的单位工程施工进度计划。

②进度计划的审批

总监理工程师对承包人提交的各种进度计划进行审查和批准实施。审查的主要内容包括施工总工期是否符合合同工期；施工顺序和事件安排与工料机进场计划是否协调；特殊气候条件影响的工程是否安排在适宜的时间；时间安排是否恰当、有无余地；各种材料、设备和主要管理人员的进场计划是否有保证；施工方案是否符合现有的技术水平、设备和经验。

（3）当工程开展以后，监理工程师将按规定的时间记录工程进展情况，每月统计和标记一次进度情况，并向业主提交一份每月工程进度报告。

①每日进度检查记录

日进度检查记录应包括以下内容：当日实际完成及累计完成的工程量；当日实际参加施工的人力、机械数量及生产效率；当日施工停止的人力、机械数量及其原因；当日承包人的主管及技术人员到达现场的情况；当日发生的影响工程进度的特殊事件或原因；当日的天气情况等。

②每月工程进度报告

监理工程师应要求承包人根据现场提供的每日施工进度记录及时进行统计和记录，并通过分析和整理，每月向总监理工程师及其代表和业主提交一份每月工程月报。应包括以下主要内容。

概况或总说明：应及时对计划进度执行情况提出分析；

工程进度：应以工程数量清单所列细目为单位反映进度情况；

工程图片：应显示主要工程项目上一些施工活动及进展情况；

财务状况：应主要反映工程款支付情况、工程变更价格调整、索赔工程支付及其他财务支出情况。

③进度控制图表

应编制和建立反映实际工程进度与计划，工程进度差距的控制图及统计表，以便随时对工程进度进行分析和评价，并作为要求承包人加快工程进度、调整进度计划或采取其他合同措施的依据。

（4）进度计划的调整

①进度计划的一般调整

调整工程进度计划，主要是调整关键线路上的施工安排，对于非关键线路，如果实际进度与计划进度的差距并不对关键线路上的实际进度造成不利影响时，不必要求承包人对整个工程进度计划进行调整。

②加快工程进度

在承包人没有取得合理延期的情况下，监理工程师认为实际工程进度过慢，将不能按照进度计划预定的竣工期完成工程时，应要求承包人采取加快的措施，以便赶上工程进度计划中的阶段目标或总体目标。承包人提出或采取的加快工程进度的措施必须经过监理工程师批准。

③进度计划的延期

如因监理工程师的原因，或承包人在实施工程中遇到不可预见或不可抗力的因素，因而使工程进度延误并批准延期的，监理工程师应要求承包人对原来的工程进度计划予以调整，并按调整后的进度计划实施工程。

④进度计划的延误

人为原因造成工程进度的延误，并且承包人拒绝接受监理工程师加快工程进度的指令，或虽采取了加快工程进度的措施，但仍然不能赶上预期的工程进度并使工程在合同工期内难以完成时，监理工程师应对承包人的施工能力重新进行审查和评价，并应发出书面警告，还应向业主提出书面报告，必要时建议对工程的一部分强制分割或考虑更换承包人。

（5）进度计划监理的措施

总监理工程师在进度监理的执行进程中，可以根据影响进度目标的具体情况，采取措施以确保进度目标的实现。

①组织措施

要求承包人建立健全进度控制的管理系统，落实进度控制的组织机构和人员，明确责任制。

②技术措施

引导承包人尽量采用先进的科学技术和管理方法去组织施工，加快进度，提高劳动生产效率，缩短工期。

③合同措施

总监理工程师利用合同规定的权利，督促承包人全面履行合同，必要时可采取诸如强制分包，召开工地协调会等手段，促使承包人加快工程进度，完成预定的工期目标。

④经济措施

当承包人的工程进度与进度目标相比出现偏差时，如果原因不是由于业主或监理单位造成，则应要求承包人认真履行合同，并按合同的规定扣除其违约金或罚款。

5．合同管理监理

（1）合同管理的任务

在招投标阶段，合同管理任务是订立一个详尽完善的承包合同，为保证工程项目的实施提供法律保证。在项目实施过程中，合同管理的任务是依据合同条款，全面履行合同条款，协调合同双方的纠纷、争议，对合同的履行、合同变更和解除等进行监督检查。处理变更、索赔、延期、分包、违约责任等合同条款的事宜。

（2）协助订立施工承包合同

协助业主准备或审查施工承包合同等各项内容，防止或减少因合同条款的含糊不清或内容欠缺而带来的履行困难及索赔、延期的发生。

（3）工程变更

总监理工程师对工程中任何形式的变动，根据合同有关规定进行审核，并报业主审批后发布工程变更令。明确变更的程序、权限，及时与业主沟通，严把工程变更关，防止、拒绝各类不正当的变更要求，及时审批正当的工程变更，保障合同的顺利执行和进度、投资的有效控制。

（4）工程索赔

总监理工程师对承包人提出的费用索赔申请，将依据合同规定的程序进行审查，做好资料收集、记录工作。在审批工程索赔过程中，严格审查索赔的申请，采取必要措施，保护业主的利益。

（5）工程延期

监理工程师对于延期事件的发生要尽量避免，确实发生时，要准备做好记录，搜集有关资料，采取合理措施避免事件的扩大。对于承包人提出的工程延期申请，要依据合同文件、工期计划可调性进行审批。

（6）工程分包

对承包人提出的分包申请，监理工程师需进行严格的审查，只有经业主同意，承包人才能进行合同转让。

（7）争端与仲裁

当工程发生争议时，总监理工程师根据合同规定的期限，进行争议事件的全面调查、取证，并对争议作出书面决定，通知业主和承包人。若业主和承包人不同意总监理工程师作出的决定，可提交有关部门进行仲裁。

（8）违约及违约处理

①承包人违约及处理

总监理工程师对承包人违约，将依据事实进行确认，并根据合同规定进行处理。

总监理工程师在提供详尽材料后，向业主提出提前终止合同的建议，供业主决策。对于部分违约的现象，督促承包人立即改正；经常性检查合同的执行情况，对发现的重大问题及时告知业主，必要时征得业主的同意，采用经济措施，确保合同的全面履行。

②业主的违约及处理

总监理工程师对业主违约进行确认并按合同规定进行处理。

6．信息管理

（1）信息管理的任务

信息管理的任务是收集、整理、加工、存储、传递和应用各种工程项目实施中的信息及时准确地向各项目的各级管理人员、各个参加项目建设的单位及其他有关部门提供所需要的信息，对项目实施进行动态控制，分析问题产生的原因，为项目总目标的控制任务服务。

（2）工程记录

①监理记录

包括分项工程批准开工、完成、检验及材料试验结果，隐蔽工程的验收记录与工程照片；分项工程开工申请单、审查合格批准的开工申请；每周工作计划；监理周报；检验申请单；总监理工程师下达的指令；工程的变更；工地会议纪要。

②原始记录

包括承包人质量检验报告、监理抽检报告等。

（3）工程监理月报

每月按时向业主及上级监理部门递交报告，主要内容包括工程情况概要、工程质量控制情况评析、工程安全生产管理工作评析、工程进度控制情况评析、工程费用控制情况评析；工程其他事项。

（4）工程监理评估报告

工程结束进行验收时，总监理工程师提交工程监理报告，主要内容为：工程概况；监理机构；工作起止时间；关于工程质量、进度、费用及合同执行情况；分项、分部、单位工程质量评估；工程费用分析；工程存在的问题及处理建议、工程照片及录像。

（5）档案

①工程档案的要求

为了保证建设项目（工程）档案资料的齐全、完整、准确、系统，在工程项目验收前，业主和监理单位组织工程的各方，提出资料归档、整理的具体要求，工程各方应对自己所负责部分的资料整理归档负责，对该工程项目档案资料是否齐全、完整、准确进行自检。

②工程档案的分类

工程档案按行政档案、支付档案、技术档案分别管理，档案分类细目下略。

（6）监理用表

监理报表采用江苏省建设厅建设监理处编制的表式，加上一些补充表格报业主审批后执行。

7.组织协调的工作和方法

（1）组织协调的任务

组织协调是监理十分重要的工作之一，目的在于调整参建各方的工作关系，统一认识，共同努力实现工程项目的目标任务。组织协调的任务有以下几个方面：

①承包人队伍内部人员的关系

监理应通过业主、承包人等方面，协调处理好承包人内部的关系，保证项目实施。

②承包人与业主的关系

承包人与业主的关系，是既统一又矛盾的关系，需协调双方一致的方面，克服矛盾的方面，同心协力，做好项目实施。

③设计与施工的关系

承包人按施工图和合同条款规定组织协调工作，监理的组织协调，必须以合同条款为依据，保证工作协调有效地进行。

（2）工地会议

工地会议是总监理工程师组织协调的重要形式，工地会议有三种形式，即第一次工地会议、工地会议（不定期）、现场协调会。

①第一次工地会议

其准备工作应在施工准备阶段进行，正式开工前召开。第一次工地会议由总监理工程师主持，通知业主、承包人及有关方面人员参加。会议上总监理工程师对开工前各项准备工作进行全面检查，为开工创造条件。

通过第一次工地会议明确施工监理的例行程序以便于施工监理工作的实施。

②工地会议（例会）

一个星期召开一次，特殊情况另定。

③现场协调会

根据需要不定期召开现场协调会，就工作安排、近期施工现场问题等进行研究处理。

（五）监理工作制度

1．监理会议制度

监理会议制度内容包括第一次工地会议制度、例行工地会议制度、临时协调会议制度、专题会议制度等构成的现场协调制度等。

2．施工阶段的监理工作制度

（1）图纸会审及设计交底制度；

（2）施工组织设计审核制度；

（3）开工报告审批制度；

（4）材料、构配件的质量检验制度；

（5）隐蔽工程质量检验制度；

（6）分部工程质量验收制度；

（7）设计变更制度；

（8）工程质量事故处理制度；

（9）工程进度监督制度；

（10）工程投资监督制度；

（11）工程竣工验收制度；

（12）现场协调会及会议纪要签发制度，施工备忘录签发制度。

3．项目监理部的内部工作制度

（1）监理部工作会议制度。每周一次，交流、检查监理工作情况。

（2）对外行文审批制度。监理部发出的文件必须有总监签字并盖监理章才能生效。

（3）监理日记制度。每个监理人员必须认证记好监理日记。

（4）监理月报制度。每月25日，监理人员写好本月工程监理小结交给总监，由总监填写《监理月报》，交监理单位打印后，发建设单位一份，自留一份。

（5）资料管理制度。

4．工程施工旁站监理制度

（1）旁站监理的范围：在本工程的关键部位、关键工序将设旁站监理点。

（2）旁站监理在总监理工程师的指导下，由现场监理人员负责具体实施。

（3）旁站监理及时发现和处理旁站监理过程中出现的质量问题，如实准确地做好旁站监理记录。

（4）发现施工单位有违规行为的，有权责令施工单位立即整改；发现工程质量问题，应及时向监理工程师或者总监理工程师报告，由总监理工程师下达局部暂停施工指令或者采取其他应急措施。

（5）对于需要旁站监理的关键部位、关键工序施工，凡没有实施旁站监理的或者没有旁站监理记录的，监理工程师或者总监理工程师不得在相应文件上签字。

在工程竣工验收后，我所项目部将旁站监理记录存档备查（见表7）。

表7　　　　　　　　　　　　　旁站检查记录

工程名称：	编号：
日期及气候：	工程地点：
旁站监理的部位或工序：	
旁站监理开始的时间：	结束的时间：
施工情况：	
监理情况：	
发现问题：	
备注：	
施工单位： 项目经理部： 质检员（签字）： 　　　年　月　日	监理单位： 监理机构： 旁站监理人员（签字）： 　　　年　月　日

（六）现场安全、文明施工管理措施

安全监理和文明施工督促是建设监理的重要组成部分，是对建筑施工过程中安全生产状况所实施的监督管理。安全目标为无重大安全责任事故、合格。文明施工目标为标化工地。

1．监理控制的措施及要点

（1）开工前，项目监理部对工作人员进行文物工程安全教育，强化安全意识。

（2）项目监理部制定安全管理职责，落实安全责任制。

（3）审核施工组织设计中安全、文明管理的条款以及安全文明施工的准备工作情况，否则不予开工。

（4）对在施工过程中存在的安全隐患，责令停工整改，有文明措施不到位情况，责令限时整改，情节严重的，停工整改。

（5）监理工程师对现场采取定期或不定期巡查或旁站，对施工现场及办公生活区的安全文明措施进行检查，对发现的问题及时发监理整改通知。

（6）通过例会、专题会议解决安全、文明施工中出现的问题，建立安全、文明施工状况登记制度。

（7）监理通过巡查、旁站等形式，对现场发现的安全隐患及时以监理通知形式告知施工承包方整改，情节严重的同步下达停工令，并及时向业主汇报安全状况。

（8）"防噪、降尘、排污"作为文明施工的执行条件。

（9）在本工程具体实施过程中，项目监理部将着重采取以下控制措施。

①检查施工单位安全生产管理职责、安全生产保证体系、安全技术交底。

②检查施工单位安全设施，保证安全所需的材料、设备及防护用品到位。

③督促和检查施工单位事故隐患控制、安全教育和培训、安全文明施工的内部检查。

2．安全控制的依据

《中华人民共和国建筑法》、《建筑工程安全生产管理条例》、《苏州市建筑施工安全监督管理办法》、《加强企业生产中安全工作的几项规定》、《建设工程施工现场供电安全规范》GB50194-93、《建筑机械使用安全技术规程》JGJ33-2012、《建筑安装安全技术规程》、《建筑施工扣件式钢管脚手架安全技术规范》JGJ130-2011、《建筑施工高处作业安全技术规范》JGJ80-91、《龙门架及井架物料提升机安全技术规范》JGJ88-2010、《施工企业安全生产评价标准》JGJ/T77-2010、《建设工程项目管理规范》GB/T50326-2006等。

五项规定是指国务院安全生产责任制，安全技术措施计划，安全生产教育，安全生产检查及伤亡事故调查处理。

3．施工准备阶段的安全监理

（1）制定安全监理程序。要按照工程施工的工艺流程制定出一套相应的科学安全监理程序，对不同结构的施工工序制定出相应的检测验收方法。

（2）调查可能导致意外伤害事故的原因。

（3）掌握新技术、新材料的工艺和标准。

（4）审查安全技术措施。

（5）施工单位开工时所必需的施工机构、材料和主要人员已达现场，并处于安全状态，施工现场的安全设施已经到位。

（6）审查施工单位的自检系统。

（7）施工单位的安全设施和设备在进入现场前（如吊篮、漏电开关、安全网等）的检查。

4．施工现场安全监理

（1）施工现场的安全由施工企业负责，监理方面主要是针对施工单位安全技术设计、安全交底、安全行为进行督促、检查、控制。

（2）监理有权监督承包商做好施工现场安全教育与组织管理。

（3）加强施工人员的安全素质，防止伤亡事故的发生。

（4）审核施工组织设计、各类有关安全生产的文件、安全资质和证明文件、施工方案和施工组织设计中安全技术措施、工序交接检查、分部分项工程安全检查报告等。

（5）督促施工企业安全生产教育及分部分项工程的安全技术交底。

（6）检查督促施工企业对现场的安全设施、防护用品及安全工作是否符合相应安全技术规范和标准的规定。

（7）督促检查施工企业建立安全专业检查、自检、日检制度和安全档案制度。

（8）如遇到重大违规操作，安全监理可下达"暂时停工指令"。

5．施工现场安全事故监控重点

（1）在施工现场，为消除事故隐患，监理工程师应重点监控脚手架、三宝利用和洞口，临边防护、施工用电、施工机械及安全处理措施等七个环节。

（2）高处坠落的防护监控，应从戴好安全帽、挂好安全带、张好安全网等三方面进行。

（3）注意楼梯口、电梯口、井架等通行道口的安全防护。

（4）正确使用安全帽，扣好安全带，不准戴缺带及破损的安全帽。有关施工员要注意劳逸结合，不打疲劳仗。

（5）脚手架安装和拆卸时，应在安全员在场监督的情况下进行。工程施工各种机械、电器应严格做到定机、定人、定岗位的制度，收工随即关闭。

（6）文明施工

监理组要严格督促施工单位对照文明标化工程的要求，执行当地政府规定的施工作业时间，施工现场、民工宿舍、工地食堂、办公用房、厕所、围墙等临时设施规范搭设、道路和材料堆场地面实行硬化，工具、材料堆放整齐，场地周围进行简单绿化。

（七）监理工作程序图

1. 工程建设监理工作总程序图（图92）

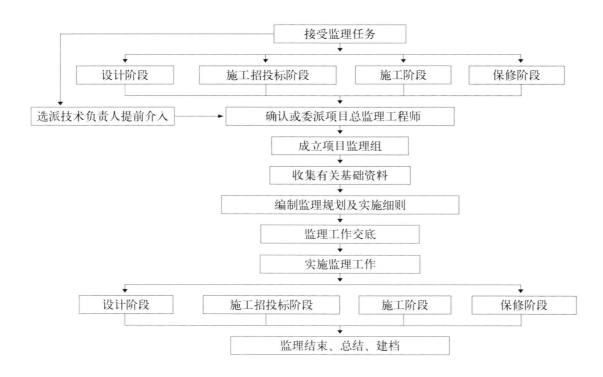

图92　工程建设监理工作总程序图

2. 开工前期的监理工作程序（图93）

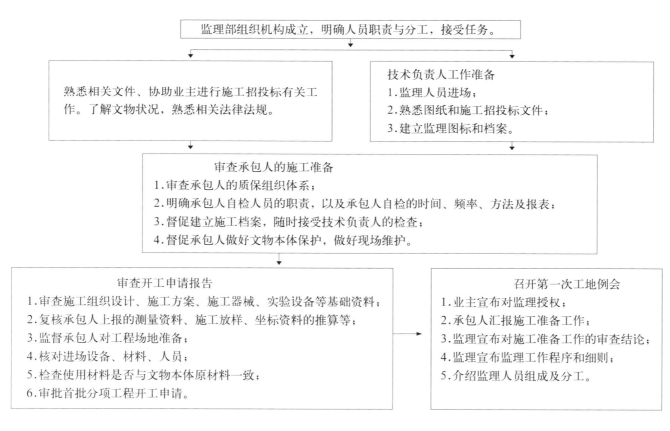

图93　开工前期监理工作流程图

3. 质量监理工作流程（图94）

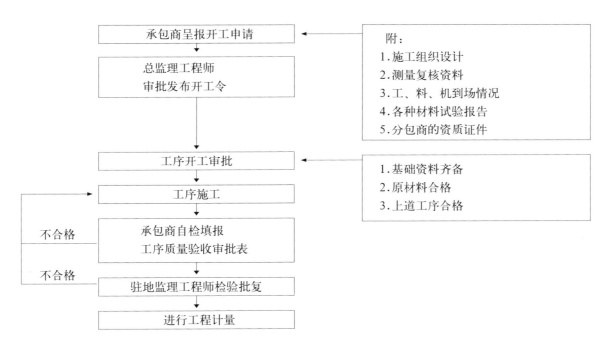

图94　质量监理工作流程图

4. 费用监理工作流程（图95）

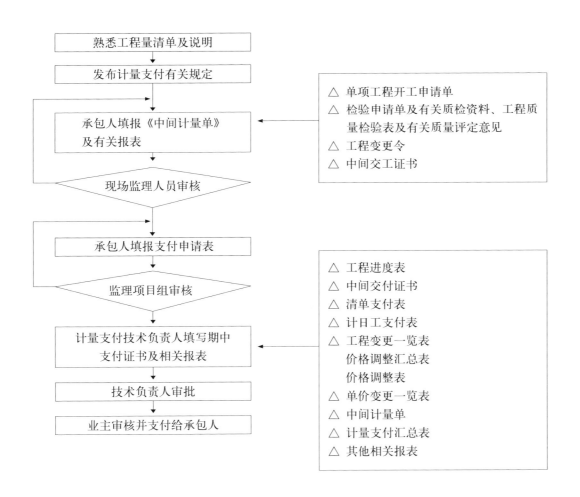

图95　费用监理工作流程图

5．进度监理工作流程（图96）

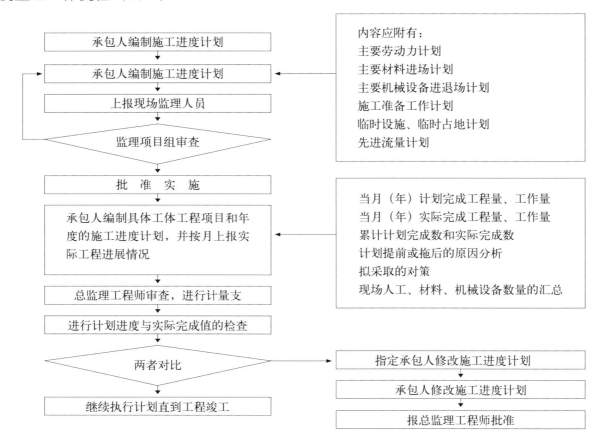

图96　进度监理工作流程图

二　监理细则

（一）工程概况及工程特点

1．概况

瑞光塔为砖木混合结构楼阁式塔，修缮工程依据《中华人民共和国文物保护法》《文物保护工程管理办法》《苏州市古建筑保护条例》《苏州市文物古建筑维修工程准则》等法律、法规，维修遵循"不改变文物原状"的原则，施工中应最大限度地保留原有构件，损坏构件以修补为主，无法修补影响安全的构件应采用原材料、原结构形式、原工艺进行替换。

（1）塔顶及塔体第六、七层木结构加固

根据现状情况及相关历史资料，将塔顶屋面揭顶后，依照从下到上的顺序，分别对承重、联系木构件采用多种形式的加固措施，加固时保持原结构、原形式，保证使用传统工艺和最大可能地使用原构件。

（2）塔身维修

塔身自20世纪80年代末大修以来，已有二十多年未进行过较为全面的保养维修，塔身各部分均有不同程度的残损状况，须对塔壁、副阶、塔座台基、腰檐、平座、装修进行保养性维修保护。

（3）防腐、防虫、防雷、消防

木构件须做防虫处理，易受潮腐朽的木构件须做防腐处理；对原有防雷设施重新检测，对防雷设施进行保养、维护，达到相关规范要求；维修工程中应考虑消防要求，配备消防设施。

2．工程特点

（1）本工程为全国重点文物保护单位抢修工程，应严格遵守"不改变文物原状"的修缮原则，施工中应最大限度地保留原有构件，损坏构件以修补为主，无法修补影响安全的构件应采用原材料、原结构形式、原工艺进行替换。

（2）塔体结构复杂，第六、七层结构变形，须将塔顶屋面揭顶，分别对承重、联系木构件采用多种形式的加固措施，加固时保持原结构、原形式，保证使用传统工艺和最大可能地使用原构件。

（3）本工程隐蔽项目多，应与甲方、设计方、施工方多沟通交流，在工程进行中对隐蔽项目完善方案。

（4）瑞光塔为苏州重要旅游景点，且塔体较高，维修时须考虑到古塔整体的视觉效果，在维修过程中，应对维修工程进行展示，规范施工现场标识等安全文明施工。

（5）古塔建筑体量大，又是砖木结构古建筑，脚手架的搭设须考虑整体建筑单体的安全并兼顾安装技术要求，要确保文物本体安全和施工人员的人身安全。

（二）监理细则编制依据

1．《中华人民共和国文物保护法》（2007年）

2．《中国文物古迹保护准则》（2004年）

3．《江苏省文物保护条例》（2004年）

4．《文物保护工程管理办法》（2003年）

5．《苏州市古建筑保护条例》（2003年）

6．《苏州市文物古建筑维修工程准则》（2005年）

7．《建筑工程施工质量验收统一标准》（2008年）

8．《工程建设监理规定》（1995年）

9．勘察、设计、施工、招投标文件

10．本工程的《监理规划》

11．本工程的施工组织设计（方案）

12．行业主管部门现行有关建设工程管理的文件规定

13．工程业主的有关管理文件

（三）监理工作内容及流程

1．监理工作内容

（1）审查施工单位各项准备工作，下达开工令；

（2）协助组织设计交底及图纸会审；

（3）协调组织研究工程特点、工艺及流程；

（4）审查施工组织设计、施工方案及施工进度计划；

（5）对承包单位施工阶段的工作进行有序控制。

2．监理工作流程（图97）

图97　工程验收监理流程图

（四）监理工作控制要点及目标值

1．大木构架工程

（1）古建筑修缮应遵守"不改变文物原状"的原则。修缮前应对原构架各构件的材料、材质、法式、做法、尺寸、风格特征、损坏情况作认真的勘察、测绘、摄影、记录，并以此作为编制修缮方案的主要依据。

（2）严禁将已损坏的构件未经修补加固再行使用，或将无法修补加固的构件整修后再安装在工程中使用。使用原构件，其受力方向、位置应与原方向位置一致，不得翻用、倒置。

（3）修缮柱梁等联结部位应符合修缮设计要求，如修缮设计无明确规定时，应符合以下规定，但需经文物专家等相关人员研究讨论通过。

①位于柱梁连接部位柱的断裂深度在柱直径1/2以内，应根据断裂相应位置用钢夹板加固，或根据现场情况也可只用钢箍加固。当断裂深度大于柱径1/2，现场又不具备更换柱的条件，可用钢套管加固。

②在角梁下部，增设截面厚度为100毫米的地栿，提高角梁的整体强度。

③窜枋榫卯归位密实后，在其下部内侧一圈的隐蔽部位，使用5毫米×50毫米×200毫米/400毫米的"L"形镀锌钢板固定焊接。

④在八根角梁根部顶面增加一圈5毫米×60毫米×250毫米的不锈钢扁钢，以直径8毫米螺栓连接。

⑤老角梁与子角梁顶面夹角部位，增设50毫米×50毫米镀锌角钢，并用直径8毫米螺栓连接。

⑥对所有桁条顶部，增加一圈5毫米×50毫米×400毫米的不锈钢扁钢，两两相连，每根桁条于木梁顶部用特制不锈钢搭钉固定。

⑦童柱及木梁连接处增加三角形不锈钢支托，童柱底部与木梁连接处，增加梯形木托角。

⑧在承重枋与八根立柱结点底部，增设80毫米×180毫米×120毫米的梯形木托，榫卯连接。

检查方法：观察和尺量检查。

（4）柱类构件损坏面积大于柱断面积1/3、明柱下端损坏高度不大于柱高或底层高的1/5、暗柱损坏长度不大于柱高（底层高）1/3应做墩接。损坏高度大于以上规定应替换。

（5）修缮梁、川（穿）、枋、檩（桁）等大木构件应符合修缮设计要求，如修缮设计无明确规定时，应符合以下规定，但需经文物专家等相关人员研究讨论通过。

①拆除塔顶层承重枋，加大承重枋截面厚度50~100毫米。

②当梁类构件糟朽程度大于挑出长度1/5时，不宜修补加固，应更换构件。

③当构件两端有一端搁置部位腐烂断面积大于该构件断面积1/5，或虽然两端搁置部位损坏小于上述规定，但其他部位有2处或2处以上损坏断面积占该构件断面积1/6以上应更换或补强构件。当损坏小于以上规定者可用镶补、化学剂、铁件加固办法修补。

检查方法：观察和尺量检查。

（6）如修缮设计无明确规定时，斗栱修缮应符合设计要求。

①斗劈裂为两半，断纹能对齐的可采取胶粘方法，坐斗被压扁的超过3毫米的可在斗口内用硬木薄板补齐。薄板的木纹与原构件木纹一致，断纹不能对齐或严重糟朽的应更换。

②栱劈开未断的可采用灌注法，糟朽严重的应锯掉后榫接，并用螺栓加固。

（7）修补大木构件中所用铁件安装位置应基本正确，连接基本严密牢固，外观基本整齐美观，防锈处理均匀无漏涂。

（8）大木修补表面接槎基本平整，基本无刨、锤印。

（9）大木构件榫卯修补后的安装基本严密牢固，标高基本一致，表面基本洁净无污物。

（10）大木构件修补的允许偏差和检验方法应符合下表的规定：

项目	允许偏差（毫米）	检验方法
圆形构件圆度	4	用专制圆度工具检查
垂直度	3	吊线尺量检查
榫卯节点的间隙	2	用楔形塞尺检查
表面平整（方木）	3	用直尺和楔形塞尺检查
表面平整（圆木）	4	用直尺和楔形塞尺检查
上口平直	8	以间为单位拉线尺量检查
出挑齐直	6	以间为单位拉线尺量检查
轴线位移	±5	尺量检查

2．屋面木基层构件工程

适用于屋面木基层中的椽类、勒望、里口木、闸椽板、望板等构件的修缮工程。

（1）椽类构件背部腐烂深度不大于椽高的1/8，或椽头、搭接部位腐烂则应更换；椽背腐烂小于以上规定且强度满足荷载要求，则可清除腐烂木质，作防腐处理后继续使用。

（2）屋面板制作应符合下列规定：

合格：拼缝基本密实，表面平整。

优良：拼缝密实，表面平整，基本无刨印。

检查数量：按有代表性的自然间抽查10%，其中过道按10延米抽查一处，但均不得少于三间（处）。

检查方法：观察和尺量检查。

（3）各类椽子制作表面应符合下列规定：

合格：圆椽浑圆顺直，扁方椽方正顺直，表面基本平整，基本无刨印、疵病。

优良：圆椽浑圆顺直，扁方椽方正顺直，表面平整洁净无刨印、疵病。

检查数量：抽查10%，椽子不应少于10根。

检验方法：观察检查。

（4）屋面木基层构件制作的允许偏差和检验方法：

项 目		允许偏差（毫米）	检 验 方 法
露明椽截面	方	±2	尺量检查
	圆	±2	
立脚飞椽截面		±2	尺量检查
表面平整	方椽	2	用直尺和楔形塞尺检查
	圆椽	2	
望板厚度		±1	尺量检查
望板平整度		4	用2米直尺和楔形塞尺检查

3．木装修构件工程

适用于木楼梯、木栏杆、木地板及下方搁楞等木装修构件的修缮工程。

（1）选用木材的树种、材质应与原构件相同。

（2）各类修补构件的制作安装应按原存构件相同的方法进行。

（3）各类构件修理的榫槽应嵌合严密，胶料胶结应用胶楔加紧，胶料质量品种必须符合现行标准《木结构工程施工及验收规范》的规定。

（4）各类构件经修补后，表面质量应基本平整，无缺棱、掉角、翘曲缺陷。

（5）各类构件经修补后，线条、割角、拼缝应起线顺直、通畅，割角准确，拼缝基本严密。

（6）各类构件花饰外观应线条通顺，图案与原图基本一致。

（7）各类构件安装位置正确，开关灵活，脱卸基本方便，小五金齐全，安装基本严密牢固。

（8）各类构件修补的允许偏差和检验方法：

项目	允许偏差（毫米）	检验方法
芯子交接处高低差	0.5	用直尺和楔形塞尺检查
各种线条横竖交接	1	用直尺和楔形塞尺检查
表面平整翘曲	4	将构件平卧在检查台上
垂直度	2	用吊线和尺量检查

4．筒瓦屋面工程

（1）望砖、望瓦、望板为基层的筒瓦屋面工程。

检查数量：按屋面面积50平方米抽查1处，每处10平方米，但每坡不应少于2处。

（2）屋面不得漏水，屋面的坡度曲线应符合设计要求。

检验方法：观察和尺量检查。

（3）选用瓦的规格、品种、质量应符合设计要求。

检验方法：观察检查和检查出厂合格证。

（4）坐浆铺瓦及瓦楞中所用的泥灰、砂浆等黏结材料的品种、数量及分层做法应符合设计要求。

检验方法：观察和检查施工记录。

（5）瓦的搭接要求应符合设计要求，当无明确要求时，应符合下列规定：

①老桩子瓦伸入脊内长度不应小于瓦长的1/3，脊瓦应座中，两坡老桩子瓦应碰头；

②滴水瓦瓦头挑出瓦口板的长度不得大于瓦长的1/3，且不得小于20毫米；

③斜沟底瓦搭盖不得小于150毫米（或底瓦搭接不得少于一搭三）；

④斜沟两侧的百斜头伸入沟内不得小于50毫米；

⑤底瓦搭盖外露不得大于1/3瓦长（一搭三）；

⑥凸出屋面墙的侧面（泛水）其底瓦伸入泛水宽度不应小于50毫米；

⑦天沟伸入瓦片下的长度不应小于100毫米；

⑧底瓦铺设大头应向上；

⑨筒瓦屋面其盖瓦上下两张的接缝不应大于3毫米，混水筒瓦不应大于5毫米，当坡度超过50%时底瓦应用刺丝或钉绑扎固定，盖瓦每隔三四张须加荷叶钉一只；

⑩筒瓦、仿筒瓦、盖瓦搭盖底瓦部分，混水瓦、仿筒瓦每侧不得小于1/3盖瓦宽，清水瓦每侧不得小于2/5盖瓦宽；

⑪做出墙披水线时，山墙上面瓦的挑出部分宜为瓦宽的1/2；

⑫筒瓦下脚应高出底瓦瓦面睁眼高度，睁眼高度均不宜大于盖瓦高的1/3；

⑬瓦面出檐应一致，筒瓦的出檐尺寸宜为60～100毫米；

⑭盖瓦下脚距底瓦应留出适当的"睁眼"，筒瓦睁眼不宜小于筒瓦高的1/3。

检验方法：观察和尺量检查。

（6）底盖瓦铺设应符合下列规定：

合格：接搭吻合，行列基本齐直，檐口底瓦无倒泛水。

优良：搭接吻合，行列齐直，檐口底瓦泛水流畅。

检验方法：观察检查。

（7）坐浆铺瓦及瓦楞中所用的泥灰、砂浆应符合下列规定：

合格：黏结牢固，坐浆基本平伏密实，屋面基本洁净无积灰。

优良：黏结牢固，坐浆平伏密实，屋面洁净。

（8）屋面檐口部分应符合下列规定：

合格：檐口直顺，瓦楞均匀，基本无起伏。

优良：檐口直顺，瓦楞均匀一致，无高低起伏。

（9）屋面外观应符合下列规定：

合格：瓦楞直顺，瓦档均匀，瓦面平整，坡度曲线基本和顺一致，屋面基本整洁。

优良：瓦楞整齐直顺，瓦档均匀一致，瓦面平整，坡度曲线和顺一致，屋面整洁美观。

检验方法：观察检查

（10）筒瓦屋面的允许偏差和检验方法应符合下表规定：

项目		允许偏差（毫米）	检验方法
老头瓦伸入脊内		10	拉10米线（不足10米拉通线）和尺量检查
滴水瓦挑出长度		5	每间拉线和尺量检查
檐口勾头齐直		8	拉10米线（不足10米拉通线）和尺量检查
檐口滴水头齐直		8	拉10米线（不足10米拉通线）和尺量检查
瓦楞直顺		6	每条上下两端拉线和尺量检查
相邻瓦楞档距差		8	每条上下两端拉线和尺量检查
瓦面平整度	檐口	15	用2米直尺横搭与瓦楞面，在檐口、中腰、上口
	中腰、上口	20	各抽查一处和尺量检查

5. 地面与楼面修补工程

适用于月台垫层基础及青砖地面修缮工程的施工与验收。

（1）在修缮施工前，应按实际损坏情况划定修缮范围，制定修缮施工方案，经批准后方可施工。

（2）修缮所用材料的品种（木材的树种）、质量、规格、颜色、性能，应符合修缮设计要求和国家现行有关规范的规定，并与原面层保持一致。

（3）用沙垫层铺砌的块料地面，发生沉降、基层损坏时，应将块料面层揭开，用与原基层一样的材料将基层铺平铺实。有损坏的块料更换规格一致（瓦片、片石、卵石不要求）的新料，按原块料面层的作法铺砌面层，并应保持与原面层基本一致。

（4）砖墁地面材料的品种、质量、色泽、砖缝排列、地面分中、图案等应符合设计要求或传统做法，墁砖应稳固无空鼓、无松动。

（5）修补地面与楼面的允许偏差和检验方法应符合下表的规定：

项目	允许偏差（毫米）			检验方法
	细墁	粗墁	整体面层	
表面平整度	2.5	6	5	用2米直尺和楔形塞尺检查
缝格平直度	3	4	3	拉5米线和尺量检查
相邻板块高低差	1	2	—	用直尺和楔形塞尺检查
新旧接槎高低差	1	2	2	用直尺和楔形塞尺检查
新旧地面接缝平直度	1	2	2	拉尺和尺量检查

6．抹灰工程

（1）抹灰的底层灰、面层灰所用材料应符合设计要求，当设计无明确要求时应按传统作法的要求执行。

（2）各抹灰层之间及抹灰层与基层之间应黏结牢固，无脱层、空鼓和裂缝等缺陷。

（3）抹灰及其修缮的质量应符合下列规定：

颜色、质感应符合设计要求或与原样墙面作法相一致；黏结牢固，无空鼓、开裂、炸纹，使用材料符合设计要求；表面光滑，线条齐直，色泽均匀一致；新旧接槎平整，无明显修补痕迹。

（4）抹灰的修缮质量和允许偏差应符合下表规定：

项目	允许偏差（毫米）			检验方法
	用白灰、青灰、红灰、黄灰	石灰砂浆、水泥砂浆		
		普通抹灰	高级抹灰	
表面平整	8	5	2	用2米直尺和楔形塞尺检查
阴阳角垂直	10	10	2	用2米托线板和尺量检查
立面垂直	—	—	3	用2米托线板和尺量检查
阴阳角方正	—	6	2	用方尺和楔形塞尺检查
分格条（缝）平直度	3	3	3	拉5米线，不足5米拉通线，用尺量检查

7．油饰工程

（1）油饰工程的等级和加工材料，成品材料的品种、质量、颜色应符合设计要求及文物管理方面的规定。

（2）油饰工程所用的原材料、半成品、成品材料均应有品名、类别、颜色、规格、制作时间、贮藏有效期、使用说明和产品合格证。现场加工材料的调制应有严格的设计要求，技术交底，并按其要求、配比调制。

（3）油饰工程施涂前应做样板（色标），经设计人员认可后，方可大量配兑施工。

（4）油皮表面平整、光滑，颜色均匀一致，线条流畅，线角清楚平直，无起皱、流坠、裹楞、超亮、漏刷等缺陷。

（5）油饰工程所用材料的质量、品种、规格、颜色、配比都应符合设计要求和有关材料规范的规定。

（6）油饰工程的施工做法及质量要求都应符合设计要求。

8．大漆工程

适用于古建筑、木装修等涂刷生漆、广漆、退光漆和揩漆等大漆工程。

（1）大漆工程所选用的材料品种、规格、质量、颜色应符合设计要求，对无合格证书的材料应抽样检验，合格才能使用。

（2）大漆工程的施工操作程序，应符合设计要求。

（3）大漆工程基本项目应符合下表的规定：

项目	等级	中级	高级
流坠、皱皮	合格	大面无流坠，小面有轻微流坠，无皱皮	大面无流坠、皱皮，小面明显处无流坠、皱皮
	优良	大面无流坠、皱皮，小面明显处流坠、皱皮	大、小面均无流坠、皱皮
光亮光滑	合格	大面光亮、光滑，小面有轻微缺陷	光亮均匀一致，无挡手感
	优良	光滑、光亮均匀一致	光亮足，光滑无挡手感
颜色刷纹	合格	颜色一致，刷纹通顺	颜色一致，无明显刷纹
	优良	颜色一致，无明显刷纹	颜色一致，无刷纹
划痕、砂眼	合格	大面无划痕、砂眼，小面3处以内	大面无划痕、砂眼，小面2处以内
	优良	大、小面明显处无	大小面均无
裹楞分色线	合格	大面无裹楞、分色线，小面3毫米以内	大面无裹楞、分色线，小面2毫米以内
	优良	大、小面明显处均无裹楞、分色线	大、小面均无
五金玻璃	合格	基本洁净	洁净
	优良	洁净	洁净

* ①大面指上下架大木表面，门窗关闭后的里外面，各种形式木装修里外面；②小面明显处指除大面外，视线所能见到的地方；③小面指上下架木枋上面、隔扇、槛窗等口边；④大漆分为高中级，不分普通级；⑤退光漆与揩漆，除应达到上述要求外，退光的瓦灰、退光应分层按施工顺序进行，打底应光滑、粘牢，圆度差允许1毫米。揩漆更应光亮光滑，达到三级以上要求。

（4）大漆涂层与基层黏结应牢固。

9．防腐、防虫工程

（1）对古建筑的柱、梁构件应选用硬质、耐久、耐腐蚀的木材。

检查方法：观察、手摸检查以及检查出厂合格证。

（2）埋入墙内或与墙面相贴木构件，都应涂刷防腐剂，不得将木柱埋入地面以下。

检验方法：观察检查。

（3）防虫药物应优先选用低毒、高效、低残存的药物，并应经试验合格后才可使用。

检验方法：试验检查和检查出厂日期和有效期。

请具有白蚁防治资质专业单位实施防白蚁处治，确保安全。

10．防雷工程

（1）接闪器

①根据建筑形态，采用架空接闪导线（避雷带）。

②铜制接闪导线直径≥8毫米。

③接闪导线不锈钢固定支架间距≥1米，高度距脊面100～150毫米，能承受49N（5kgf）的垂直拉力，符合第一类防雷文物建筑要求。

④避雷带接闪线应平正、顺直或随形。

（2）引下线

①引下线的材料使用铜绞线，方便弯曲和有利于泄散雷电流。

②使用铜绞线截面≥50（平方毫米）。

③布置引下线时，支架不应直接钉入瓦、砖、石、木构件上，在柱体上固定应采用卡箍式固件。

④每根引下线离地1米处采用铜铁转换件作为检测口，并在铜铁转换件部位安装金属保护盒。

⑤每个单体引下线离地1.8米部位全部安装高强度防护套管，并在上部封口防漏，单体建筑引下线距地面不低于300毫米处设断接卡连接。

⑥引下线上安装雷击计数器。

（3）接地网

①采用A型地，人工接地网垂直接地极采用铜包钢，地级与地线焊接牢固。

②每个接地装置的冲击接地电阻≤10欧姆。

③防踏步电压措施：接地体埋设深度≥600毫米，应尽量设置在人不可停留或经过的区域；在接地体3米范围内铺设600毫米×800毫米跨步电压绝缘保护层。

④防雷工程中涉及的材料，应按设计要求选用符合规范要求的材料，施工中主控项目及一般项目均要符合设计及《文物建筑防雷工程勘察设计和施工技术规范（试行）》相关要求。

检验方法：检查出厂合格证及检测报告、观察检查、试验检测。

11．脚手架工程

（1）脚手架搭设前，施工负责人应按照施工方案要求，结合施工现场作业条件和队伍情况，做详细的交底，并有专人指挥。

（2）应出具管子、扣件质量保证书；搭架用扣件需进行全面的检查，要确保螺栓、螺丝完好，转扣和十字扣中轴如磨损较大不得使用；所在横管接头应错位对接，不得在一条直线上。

（3）竹脚手板宜采用由毛竹或楠竹制作的竹串片板、竹笆板，应无明显缺陷、腐朽；毛竹片采用18#铁丝绑扎，每片竹片下必须有三根支杆支撑；凡施工作业区及行走区域内，脚手板必须满铺，不得有空缺或足以使人窜下的空挡，如施工不需要满铺的地方，必须有双道护栏杆保护，以防坠落。

（4）从第二层起，每层工作平台须搭设双道防护栏杆，高度为1.1米左右，并与立杆用扣件固定；

（5）层与层间须装有爬梯连接，爬梯档距不得大于300毫米，爬梯经绑扎稳固、安全，梯与梯连接处踏步档距不大于300毫米；

（6）脚手架搭设完毕，应由施工负责人组织，有关人员参加，按照施工方案和规范分段进行逐项检查验收，确认符合要求后，方可投入使用。

（7）检验标准

①钢管立杆纵距偏差为±50毫米

②钢管立杆垂直度偏差不大于1/100H，且不大于100毫米（H为总高度）。

③扣件紧固力矩为40～50N.m，不大于65N.m。抽查安装数量5%，扣件不合格数量不多于抽查数量的10%。

④扣件紧固程序直接影响脚手架的承载能力。试验表明当扣件螺栓扭力矩为30N.m时，比40N.m时的脚手架承载能力下降20%。

12．监理工作控制的目标值

（1）质量目标：达到合同约定的要求。

①所含分部工程的质量应全部合格。

②质量保证资料应基本齐全。

③官感质量的评定得分率应达到70%及其以上。

（2）进度目标：按照进度计划实施，达到合同要求。

①投资目标：控制在合同造价之内。

②安全目标：施工期间不发生任何安全生产责任事故。

（五）监理工作方法与措施

1. 监理工作的方法

（1）事前控制

①督促施工单位编制施工组织设计。

②监理要认真进行审核，结合方案，对施工工艺进行研究讨论，确保施工单位编制的施工组织设计满足方案的功能要求，并严格要求施工单位按审批后的施工组织方案施工。

③相关的测绘工作、设计方案优化工作必须经工程各方人员共同讨论、确认。

④督促施工单位做好相关专业的技术交底工作；检查相关专业施工人员的资质是否满足施工要求。

⑤检查相关材料的相关证件及检验资料是否合格；仔细检查施工人员、材料设备的到位情况，要重点检查需要民间艺人从事的工种到位情况。

（2）事中控制

①对施工中各工序各环节进行监控，采用巡查和旁站相结合的形式督促施工单位按照既定方案和设计图纸施工。

②对施工的成品、半成品进行平行检查，发现问题及时督促施工单位整改，并进行跟踪，直到达到质量要求。

③修缮工程的事中控制尤为重要，稍有不慎即可能造成对古文物的损坏，对古文物的修复应配有全面的图片甚至摄像，以便出现问题可迅速查找出原因。

④根据合同规定的施工进度计划，核查施工单位的工程进度，并及时向业主汇报。

⑤对于重大的设计修改和技术洽商决定，除提出监理意见之外，应向业主报告，并得到业主的同意，设计修改应由原设计单位负责。

⑥根据合同的付款规定，对已完工程的质量、数量的核实，并签证认可，做为支付工程款的依据。

⑦通过开工前的第一次工地会议，各阶段、各专业的图纸会审会议，定期的监理协调会议，重点协调工程施工进度、工程质量、安全生产、文明施工等问题。对于工程上技术复杂的问题，监理或通过监理请建设单位邀请专家论证。

（3）事后控制

①按照相关验收标准的要求对工程进行验收，发现不合格处及时督促施工单位整改好。

②通过科学的手段检查砌体等构件的强度及密实度，相关标准必须满足设计要求。

③修缮工程最终为外观检查，重点包括构件本身的外观质量和房屋各部位的整体效果和协调性，以及与原建筑的风格差异，必须反映原建筑历史时代特点和风格。

（4）特别注意的事项

①古建筑大量采用了木构件，在保证材质的同时，一定要注意对木构件的保护，必须特别注意对其进行必要的防腐工作和进行白蚁防治，监理必须时刻跟进。

②木结构中用于加固的铁、钢构件全部采用防锈处理，并置于隐蔽部位，做到隐而不露，连接严密牢固，外观整齐美观。

③由于所修缮的古建筑年代久远，建筑各部位可能均要修复，要重点检查其地基基础的牢固，确保基础稳固可靠。

④古建筑内有一些重要的文物和代表性的图案、构件，要对其重点保护，必要时主持召开各方参加的专家会议，共同确定处理方案可保护措施后方可实施。

⑤工程应最大限度地保证原构件的安全和完整性，在不改变文物的外观风貌前提下，提高结构整体强度，同时注意实际工程的可操作性和实效性，达到排除险情，延续及充分展示文物价值的目的。

2．监理工作措施

（1）组织措施

①必须合理安排相关专业资质的监理人员进行修缮工程的监控。

②严格按照施工合同等文件检查施工单位人员资质和现场投入，特种工人必须持证上岗，相关作业人员必须熟悉施工操作。

③督促施工单位做好相关的现场交底工作，必要时要组织相关工程人员参观类似所要修缮的工程。

（2）技术措施

①要明确材料使用标准，原材料必须配备相关的合格证，检验资料，按要求进行抽样检验，确保原材料合格。

②要统一施工工艺标准，古建筑分地区不同，施工方法各异，必须按照建筑当地的传统做法及古建筑原做法施工。

③明确操作注意事项，防止出现质量通病。

（3）合同措施

①根据合同和相关文件、标准、法规的要求进行检验和验收工作，达不到要求的不予验收。

②对验收不合格的工程不予计量。

③若因施工方原因造成原建筑损坏或古文物毁坏，要依照合同及相关法规的要求进行相应的处罚。

三　施工组织设计

（一）编制说明

瑞光塔是全国重点文物保护单位，具有相当高的文物价值、艺术价值、科学价值和社会价值。工程除遵循"保护为主，抢救第一"的文物基本原则外，还力求在维修过程中遵循原工艺、原材料、原形制的维修原则，采用传统工艺消除因年久失修而存在的安全隐患和险情，以便充分展示瑞光塔健康、原汁原味的历史风貌。

施工组织设计为工程施工全过程的指导性文件，因塔周需搭设较大施工脚手架，脚手架搭拆需另行编制专项施工方案并按规范组织专家论证。在涉及本体结构特别是在塔顶及六、七层木结构维修施工前，应根据实际情况另行编制专项施工方案。

（二）工程概况与编制依据

1.工程概况

该工程位于苏州市东大街49号，盘门景区内。瑞光塔为七级八面砖木混合结构楼阁式宝塔，通高53.6米，总建筑面积约935平方米。

本次抢救性维修主要解决刹座砌体接合处局部脱开产生横向裂缝而造成的渗雨及六、七层木结构表面糟朽、榫卯脱位、变形下沉等问题，其次包括塔体屋面、塔体内外墙面、露台地坪的维修和木构件的保养性油饰等施工项目。

2.编制依据

（1）《中华人民共和国文物保护法》

（2）建设部颁发的《建设工程施工现场管理规定》

（3）《中国文物古迹保护准则》

（4）《江苏省文物保护条例》

（5）《文物保护工程管理办法》

（6）苏州市瑞光塔抢救性维修方案

（7）瑞光塔维修保护工程招标文件及答疑

（8）古建筑传统做法及现行其他施工技术规范等

（9）施工现场情况

（三）施工步骤与形象进度

1. 施工步骤

（1）配备项目管理机构

此次维修工程，将配备高效的管理团队及高水平的施工队伍，运用严密科学的体系保证顺利实施。

①组建由公司经理任组长，公司工程科、材料科、财务科等科室负责人为组员的"苏州市瑞光塔抢救性维修工程"指挥组，负责落实整个工程的安全、质量、人员、材料、进度等措施的到位，以确保该工程施工所需各种资源的及时到位和全面履行合同中我公司的各项承诺。

②聘请在古塔保护方面具有丰富经验的专家现场全过程进行技术指导，对专项方案进行论证。

③配备具有丰富文物保护施工经验的项目经理担任本工程项目部经理，对工程施工进行组织、指挥、管理、协调和控制。项目经理部本着科学管理、精干高效、结构合理的原则，设立项目管理层（图98）。

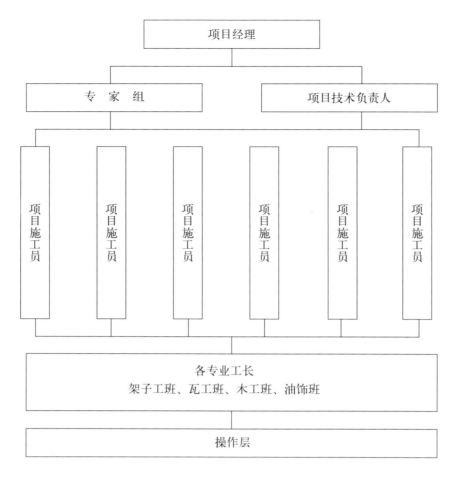

图98 工程项目部机构图

（2）明确项目管理人员职责

①项目技术负责人：对施工范围内的工程质量、技术措施、进度等进行管理，编制与调整重点分项工程的专项施工方案以及周、旬、月施工进度计划。对工程管理人员和劳务人员进行调配指导施工，并保证进入施工现场的管理人员和劳务人员有相应的技术素质。

②项目施工员：负责施工、监督、协调并保证整个工程的质量符合规范及设计要求，切实落实执行制定的施工方案。

③项目安全员：对施工过程中的生产安全、文明施工进行综合管理。

④项目质量员：对施工范围内的工程质量进行监督控制、评定，严格按规范要求进行试验检验、计量管理。

⑤项目材料员：负责工程材料及施工用材的采购、验收、保管、发放等管理工作并保证工程所用的材料符合规范和文物维修的要求。

⑥项目预算员：对工程款有计划、有测算并进行成本控制，对施工范围内的工程预决算、报量进行审查，参与谈判及对工程合约进行综合管理。

⑦项目资料员：负责按文物维修准则和建设工程规范要求及时做好各种资料的收集并分类、编目，形成规范完整的工程资料归档。

（3）施工准备

①施工技术准备

监测

依据"苏州市瑞光塔抢救性维修方案"中的要求，在工程实施过程中对瑞光塔进行沉降及倾斜变形监测和影像资料收集，编制监测专项方案，以便编制针对性强、切实可行的专项施工方案。

沉降监测选用T106755水准仪配合水准尺测量，仪器标准精度小于±1.0毫米/km。在监测前对所用的水准仪和水准尺按照有关规定进行检测，在使用过程中不得随意更换。

监测方法：将水准仪分别架设在布设的观测点，利用基准点对布设在塔身的沉降监测点进行监测。根据所测塔身的变形值，判断施工过程对塔体的影响程度。如果超控，立即采取措施尽可能控制变形。

倾斜监测选用NTS-352L全站仪配合反射贴片测量，仪器标准精度小于±1.0″，±1毫米+1pp米*D。在监测前对所用的全站仪按照有关规定进行检测，在使用过程中不得随意更换。

监测方法：倾斜监测采用极坐标法，在观测点上观测监测点到测站点的距离和该方向与某一基准点方向的夹角，计算出监测点的坐标。通过坐标变化量来反映监测点的位移量，根据所测塔身的变形值，判断施工过程对塔体的影响程度。如果超控，立即采取措施尽可能控制变形。

保护

对"苏州市瑞光塔抢救性维修方案"中提出的有历史价值的、需要重点保护部位采取措施进行有效保护。

具体保护措施：塔座须弥座台基在脚手架搭设前用塑料薄膜加彩条布牢固封护外加木板保护；塔体内的彩绘部位采用牛皮纸封护。

由于瑞光塔是苏州市旅游胜地，每天参观旅游的人流量较大。在既不影响游人的参观，又保证工程施工安全的前提下，对塔体周边进行规范围护和必要的施工告知，取得社会各界对本工程的支持和理解。

②施工材料、人员准备

材料准备：瑞光塔历史悠久，有许多特殊材料需要定制。因此在施工前落实定制单位，按原构件实样定制所需更换或添加的构件，并确保构件的材质和形状满足原形制的要求。其他常规材料按照施工预算中的工料分析，编制工程所需的材料用量计划，做好材料的申请、订货和采购工作，使计划得到落实；组织材料按计划进场，并做好保管工作。

人员准备：选派本公司最优秀的劳务队伍进驻现场，进场前进行必要的技术、安全、质量和文物保护法制教育，教育员工树立"质量第一、安全第一"的正确思想；遵章守纪；特殊工种必须持证上岗（见表8）。

表8 操作层劳动力安排表

操作工种	配备数量	进场时间
泥作工	20人	2013年11月
石作工	3人	2014年1月
水电工	2人	2013年10月
木作工	30人	2013年11月
油饰工	20人	2013年12月

（4）施工部署

①施工总体部署

根据古塔维修特点，施工采用自上至下的步骤。具体施工步骤如下：

施工围护→塔体重要部位保护→施工用水用电接驳→脚手架搭设→塔刹维修→各层屋面维修→木构件维修→塔体维修→保养性油饰→脚手架拆除→场地清理→竣工验收

②施工协调

定期召开有业主、上级职能部门、专家、设计单位、监理单位参加的协调会，及时解决施工过程中的疑点和难点。

定期组织召开各专业管理人员会议，分析整个工程的进度、成本、计划、质量、安全、文明施工执行情况，协调会延伸到作业班组长，使会议精神贯彻到现场每个施工人员的行动中。

指派专人负责，协调各专业工长的工作，组织好各分部分项工程的衔接，协调穿插作业，保证施工的条理化、程序化。

定期召开有项目经理和财务、预算及现场管理人员参加的成本分析会，优化人力、物力、财力的使用，使成本得到有效控制。

施工组织协调建立在计划和目标管理基础之上，根据施工组织设计与工程有关的经济技术文件进行，指挥调度必须准确、及时、果断。

2．形象进度

（1）本工程总工期历时120天，工程质量合格。根据本工程特点，自计划开工日起拟定以下四个主要施工控制点。

第一个施工控制点：前期准备和脚手架搭设，自开工日起历时40天。

第二个施工控制点：塔刹维修，自脚手架搭设完毕起历时60天。

第三个施工控制点：塔体维修，自脚手架搭设完毕起历时30天。

第四个施工控制点：脚手架拆除、场地清理，自上道工序完成起历时10天。

（2）各工种根据实际情况，施工中穿插进行，碰到问题及时调整。

（四）主要施工方法

1．脚手架搭拆

本工程脚手架系大型脚手架范畴，按建筑施工规范和文物保护法要求编制专项方案，并组织专家论证。经专家论证通过后，搭设施工脚手架。

脚手架搭建好后，经有关部门对脚手架组织验收签字后，才开始使用。同时规定，遇六级以上大风、大雾、暴雨、雷击天气或夜间照明不足时，严禁在脚手架上操作，并强调了注意以下事项：

①在每天开工前和收工后，由项目安全员组织架子工工长对脚手架各节点部位和扣件牢固情况进行检查，发现问题立刻整改或加固。

②严禁在脚手架上堆放施工材料和随手向下抛掷东西等，确保脚手架畅通和防止超载，并防止小零件高

空坠落。

③严禁在脚手架上拉缆风或装置起重把杆、搭挂小平台。

2．塔顶及塔体第六、七层木结构维修

塔顶及塔体第六、七层木结构维修是工程重点。按照"苏州市瑞光塔抢救性维修方案"要求，采用揭顶维修。在揭顶前先搭设维修屋面防雨棚，确保文物本体不遭受二次损坏。对塔顶屋面揭顶后，在不破坏原屋架形制的前提下，依照从下到上的顺序，分别对内部主要承重、联系木构件（如群柱柱角、窜枋、角梁、草架、承重枋）采用多种形式的加固措施，加固时保持原结构、原形式，并以原有构件为主，钢构件为辅，对塔顶结构进行整体加固。塔顶所采用的加固措施在提高整体结构的稳定性及结构强度的同时，做到不破坏原塔顶木结构的外观风貌，即加固构件最大限度的隐蔽。

具体步骤和方法如下。

（1）脚手架搭设完毕并通过验收后，对照"苏州市瑞光塔抢救性维修方案"详细对塔顶及塔刹进行全面勘察，掌握病因病源，制定施工方案。统计各类构件的残损率，放制戗脊样图。对原材料、原构件取样分析，制定施工工艺和定制构件。

（2）屋面揭顶按自上而下、自外至内的顺序，先编号后拆卸。拆卸时禁止使用大型工具进行敲、凿，以免对构件产生破坏。考虑在施工中保持对塔体荷载的均衡，揭顶采用两对称翼面同时拆卸的施工方法。拆卸后，将构件归类存放至地面指定地方，为将来修复做准备，严禁将拆卸后的构件放置在塔体内或脚手架上。

（3）塔顶屋面及基层打开后，首先应对塔心内木构架节点部位认真复查，分组编号绘制草图，摄制影像资料。在严格遵循"苏州市瑞光塔抢救性维修方案"原则的前提下，深化维修加固方案。具体措施如下。

① 第六层内群柱柱角加固

为了加强群柱柱角结构的稳定性，必须先加固第六层地面处，联系群柱柱角的卧地对角梁。在联系卧地对角梁的扶手栏杆下部，增设截面厚度为100毫米的地栿，提高卧底对角梁的整体强度。

② 窜枋加固

现状中，塔体第六、七层窜枋受塔顶刹座砌体及柱联系承重枋下沉牵连，结点榫卯松动，局部下沉。为了增强整体稳定性及结构强度，窜枋榫卯归位密实后，在其下内侧一圈的隐蔽部位，使用5毫米×50毫米×200毫米/400毫米的"L"形镀锌钢板固定焊接，钢板表面用壶门或80毫米厚替木装饰掩盖，以保持塔内传统风貌不被新增钢构件破坏。

③ 角梁加固

受塔顶刹座砌体及柱联系承重枋下沉影响，下部角梁发生变形下沉。为增加角梁整体结构强度，在八根角梁根部顶面增加一圈5毫米×60毫米×250毫米的不锈钢扁钢，以直径8毫米螺栓连接，使各角梁相互联系，形成整体构架。为防止塔顶屋面在年久失修的情况下子角梁与老角梁之间承载力不足，造成翼角断裂，须在老角梁与子角梁顶面夹角部位，增设50毫米×50毫米镀锌角钢，并用直径8毫米螺栓连接，使两者整体性及承载力得以加强。

④ 草架加固

草架木结构受上部角梁下沉影响，构件本身年久失修，桁条结点处有歪闪、下沉等安全隐患。为了排除

安全隐患，在塔顶屋面揭顶后，须对整个草架进行整体加固。对所有桁条顶部，增加一圈5毫米×50毫米×400毫米的不锈钢扁钢，使其两两相连，且每根桁条于木梁顶部用特制不锈钢塔钉固定，使得桁梁构架整体强度大大增强。另外，为加大承载力和稳定性，童柱及木梁连接处增加三角形不锈钢支托，童柱底部与木梁连接处，增加梯形木托角。

　　⑤承重枋加固

　　刹座砌体下沉开裂的主要原因是80年代末大修时更换的塔顶承重枋截面面积较小，枋下缺少竖向结构支撑，承载力不足，导致受压变形。拆除现在的塔顶层承重枋，并在原形式、原材料、原工艺基础上，加大承重枋截面厚度50～100毫米，并在承重枋与八根立柱结点底部，增设80毫米×180毫米×120毫米的梯形木托，做榫卯连接，增加承重枋整体稳定性与承载力。

　　（4）木构件防腐：所有木作构件均做好防腐、防虫、防火措施。

　　（5）塔顶内部木构架加固完毕后，按原形式、原材料、原工艺采用两对称翼面同时施工的方法铺设塔翼屋面，重砌刹座砌体，整修戗脊，恢复原貌。

3. 塔身维修

　　根据现状检测，瑞光塔塔体状况基本完好，局部进行维修。维修中所采用的方法按原工艺、原材料、原形制的传统方法，确保维修后的塔体保持古塔原有的风貌。

　　（1）塔壁

　　因长期日晒雨淋，人为乱涂乱画，塔外壁及砖砌阑额粉刷层空鼓、剥落严重。施工中小心铲除原剥落的外墙抹灰，按原材料、原色调、原形式重新粉饰。油色层褪色剥落的，清理基底，按原油色工艺重新油饰。

　　（2）副阶

　　该处屋面严重渗雨，望板、飞椽均有大面积腐朽，因此方案中予以揭顶，按原形式、原材料、原工艺更换腐朽的望板、飞椽，并补齐残缺的瓦件。施工揭顶后，根据"不改变文物原状的原则"，防水层按原样修复。檐柱及栏杆的油色层按原色调、原材料重新油饰。风化碎裂的莲花柱础按原材料挖补、拼镶。

　　（3）塔座台基

　　须弥座束腰80年代末进行过修补，现基本完好，保持原样。月台铺装因垫层基础松散塌陷，须按原材料、原工艺进行修补。

　　（4）腰檐、平座

　　因腰檐屋面筒瓦及底瓦局部碎裂，下部木结构（望板、木椽、铺作）油饰层长期受雨水渗入侵蚀，大面积起皮脱落。腰檐屋面修缮的施工步骤和施工方法与上述塔顶翼屋面相同。另外，第六、七层平座栏杆局部木构件榫卯松动，有安全隐患。对栏杆局部木构件有榫卯松动情况的，归位后，用"L"形铁件固定于榫卯结点处，加强结构强度。

4. 木构件油饰

　　木构件油饰也是本工程重点。塔身内外表面油色因自然及人为因素影响，褪色脱落较严重。为保留更多的历史信息和文物本体的原真性，对原构件表面清理后，按原形式、原材料、原工艺、原色泽进行油饰处理，既达到保护木构件的作用，又保持其原宋代色彩和风格特征。

（五）主要施工措施（质量、安全、文明、环保）

1．质量措施

本工程在施工过程中，采用全过程质量控制，严格执行《建筑工程施工质量验收统一标准》《古建筑修建工程质量验收评定标准》。同时，加强项目质量管理、规范管理工作程序，不断完成项目的质量保证体系，达到预期质量目标。

（1）质量保证体系

①组织结构：成立以项目部经理为组长，技术负责人、质量员为副组长的工程质量领导小组。

②质量管理职责：质保体系中要做到质量管理职责明确，责任到人，便于管理。管理人员职责如下：

项目经理要对整个工程的质量全面负责，并在保证质量的前提下，平衡进度计划、经济效益等各项指针的完成，并督促项目所有管理人员树立质量第一的观念，确保"质保计划"的实施与落实，协调好与内外各方面的关系，创建良好的施工外部环境。

项目技术负责人是项目的质量控制及管理者，对整个工程的质量工作全面管理，组织图纸会审、施工组织设计交底、技术交底，主持编制关键工序的专项施工方案和作业指导书及质保计划，监督各施工管理人员质量职责的落实。

施工员作为负责生产的主管项目领导，要把抓工程质量作为首要任务，在布置施工任务时，充分考虑施工难度对施工质量带来的影响，在检查生产工组时，严格按方案、作业指导书进行操作检查，按规范、标准组织自检、互检、交接检的内部验收。

质量员作为项目对工程质量进行全面检查的主要人员，对工程质量全面监督控制，实行跟踪检查，发现问题及时整改，对出现的质量问题及时发出整改通知单，并监督整改以达到相应的质量要求，定期向项目副经理书面汇报近期质量检查情况及处理措施，并接受甲方及监理公司、各级领导的监督检查及交底验收。

施工工长作为施工现场的直接指挥者，自身应树立质量第一的观点，施工前对每道工序进行书面技术交底。在施工中随时对作业班组进行施工指导、质量检查，对质量达不到要求的施工内容，监督整改。工长也是各分项施工方案、作业指导书的主要编制者，施工前要编制好各分项详细的施工方案及作业指导书，报项目总工审批后指导施工。

③质量监督体系

施工质量管理体系的设置及运转要围绕质量管理职责、质量控制来进行。本工程在管理过程中，将对这两个方面进行严格的控制。

（2）质量技术措施

①加强技术管理，认真贯彻规范、标准及各项管理制度，建立岗位责任制。熟悉施工图纸及有关技术要求，做好技术交底工作。

②实行目标管理，进行目标分解，按单位工程及分部、分项工程落实到责任部门和人员。从项目的各部门到班组，层层落实，明确责任，制定措施，从上到下层层开展，使全体职工在生产的过程中用从严求实的工作质量、精心操作的工序质量，一步一个脚印地去实施质量目标。

③积极开展质量管理小组的活动，工人、技术人员、项目领导"三结合"，针对技术质量关键环节组织攻关，积极做好成果的推广应用工作。

④制定分部分项工程的质量控制程序，建立信息反馈系统，定期开展质量统计分析，掌握质量动态，全面控制各分部分项工程质量。

⑤贯彻全面质量管理，使全体职工树立起"质量第一"和"为用户服务"的思想，以员工的工作质量保证工程的产品质量。

（3）施工准备过程中的质量控制

①优化施工方案和合理安排施工程序，作好每道工序的质量标准和施工技术交底工作，搞好图纸审查和技术培训工作。

②严格控制进场原材料的质量，除必须有出厂合格证外，尚需经试验进行复检并出具复检合格证明文件，严禁不合格材料用于工程。

③合理配备施工机械，做好维修保养工作，使机械处于良好的工作状态。

④采用质量预控法，把质量管理的事后检查转变为事前控制工序，达到"预控为主"的目标。

（4）施工过程中的质量控制

①加强施工工艺管理，保证工艺过程的先进、合理和相对稳定，以减少和预防质量事故、次品的发生。

②坚持质量检查与验收制度，严格执行"三检制"原则，上道工序不合格不得进入下道工序施工。对于质量容易波动，容易产生质量通病或对工程质量影响比较大的部位和环节加强预检、中间检和技术复核工作，以保证工程质量。

③隐蔽工程做好隐、预检记录，专业质检员作好复检工作，再请业主代表、监理代表、质检站验收。

④做好各工序的成品保护工作，下道工序的操作者即为上道工序的成品保护者，后续工序不得以任何借口损坏前一道工序的产品。

⑤及时准确地收集质量保证原始资料，并作好整理归档工作，为整个工程积累原始准确的质量档案，各类资料的整理与施工进度同步。

（5）质量保证技术措施

①施工计划的质保措施

在编制进度计划等控制计划时应充分考虑人、材、物及任务量的平衡，合理安排施工工序和施工计划，合理配备各施工段上的操作人员，合理调拨材料机具。

②施工技术的质保措施

做好施工技术交底。本工程采用三级交底模式：第一级为技术负责人，对本工程的施工流程就安装、质量要求及主要施工工艺向项目全体管理人员及工长、质检人员进行交底。第二级交底为施工工长向施工班组进行各项专业工种的技术交底。第三级由班组向工人交底。交底必须有记录。

③施工操作中的质保措施

施工操作人员是工程质量的直接责任人，所以从施工操作人员的素质到对他们的管理均要有严格的要求。

对每个进入本项目的施工人员均要求达到一定的技术等级，进行技术考核，尤其是特殊工种工人要有技术等级证书，随时对进场劳动力进行考核，对不合格者坚决调离。

加强质量意识教育，提高施工人员质量意识，在质量控制上加强自觉性。

施工管理人员，应随时对操作人员的工作进行检查，在现场为他们解决施工难点，指导施工，对不合格的立即整改。

④施工材料的质保措施

所有进场材料必须分类堆码整齐，并挂号标识牌，以免错用。严禁使用不合格或未检材料。

（6）技术资料管理措施

工程技术资料必须符合文物法和国家颁发的现行施工及验收规范规定、标准要求。

各项技术资料是工程交工验收的必要技术文件，技术资料的质量，直接反映出工程质量的好坏，优质的工程应有优质的技术资料。

①加强管理，明确分工

在公司技术部的领导下，认真贯彻技术资料管理的实施办法，设专职资料员进行技术资料的管理工作。

工地技术负责人同资料员一同管理疏通本项目部有关技术资料的业务关系，督促技术资料有关人员工作的完成情况。检查技术资料及时准确和达到标准情况，确保工程质量，保证资料优质。

资料员全面负责技术资料的收集、整理、注册、归档等日常工作，深入工地了解、检查，督促技术资料的完成，保证技术资料完整、齐全，与工程同步。

项目部经理及项目技术负责人及时检查、督促工长完成施工部位的原始资料积累，指导协助工长及时收集整理，使资料的时间、内容、数量准确、充足。隐检、预检、质量验评资料要做到内容清楚，反映真实，栏目填全，及时签证，保证原始资料完整、准确、及时，不留尾项。

②理顺技术资料相关部门关系

一套完整的工程竣工资料是由各个有关职能部门密切配合，共同努力完成的。其部门为工程部、技术部、质量部、材料供应部。要协调疏通好各部门业务工作，确保原始资料准确及时。

技术部负责管理技术资料，负责办理技术洽商，结构验收，做到及时、准确，栏目填写齐全，字体清楚，结论明确。

质量部负责质量核定，隐检、预检、自检、互检和交接检的把关。严格按验评标准，做到核定有结论，复检有消项，数据正确，签证齐全。

工程部是单位工程质量资料的直接提供者，负责提供质量评定，自检、隐检、预检、互检、交接检、技术交底等原始资料，应保证提供的原始资料完整、连贯。

材料供应部负责对材料提供合格的材质证明，证明随料到现场，保证材质的真实性和准确性，提供合格的材料。材料进场后，及时通知技术部取样，进行委托试验。

③坚持标准，严格要求

技术资料整理的内容和要求，按照文物维修规范要求施工技术资料管理规定。

施工技术资料必须与施工进度和形象部位同步，做到施工所到位，就有相应部位的技术资料。

技术资料必须与施工实际相交圈，施工日记、试验检验报告、隐蔽记录、预检记录、质量评定记录这五种资料要相吻合，在时间上、内容上、数量上不出现矛盾。

坚持施工日记天天记，重大事件必须记，做到施工记录和施工实际相吻合，栏目填写齐全，内容能反映出当日的施工活动情况。

2．安全措施

（1）安全生产责任制

工程制定以项目经理为主，安全负责人为辅，各级工长及班组为主要执行者，安全员为主要监督者，医务人员为保障者的安全生产责任制。各自职责如下。

项目经理：全面负责施工现场的安全措施，分项安全方案，督促安全措施的落实，解决施工过程中不安全的技术问题。

安全负责人：督促施工全过程的安全生产，纠正违章，配合有关部门排出施工不安全因素，安排项目内安全活动及安全教育的开展，督促劳防用品的发放和使用。

施工工长：负责上级安排的安全工作的实施，进行施工前安装技术交底，监督并参与班组安全学习。

其他部门及保卫部门：保证消防设施的齐全和正常维护、使用，消灭火灾隐患。医务人员应及时诊治各类疾病，保证施工人员的身体健康，对突发性事故，采取急救措施。后勤及行政部门保证工人的基本生活条件。

（2）安全生产制度

安全生产制度包括安全教育、检查、活动三项制度。

①安全教育制度

新工人入场时，除公司已进行第一次安全教育外，进入项目时也要进行安全意识、安全知识、安全制度教育。然后进入各自班组，再进行本工种的安全技术教育。尤其是特种作业人员，必须持证上岗。专业安全员要进行专门考核，合格的上岗，不合格的培训，直到合格后才能上岗。另外，每月全项目还要定期进行一次安全教育。

②安全检查制度

专职安全员要随时检查以下内容：班组人员防护用品是否完好及正确使用，作业环境是否安全，机械设备的保险设备是否完好，安全措施是否落实。每天检查安全隐患、违章指挥、违章作业的情况一旦发现，及时发出整改通知，限期整改。

③安全活动制度

安全负责人和技术负责人定期或不定期召开由管理人员参加的安全生产会议，以便于研究安全生产对策，确定各项措施执行人，处理安全事故，学习有关的安全生产文件。班组每天晚上定期召开安全总结会议，对当天生产活动进行总结，针对不安全因素，发动群众，提出整改意见，防患于未然，学习有关的安全生产文件等。

（3）安全技术措施

主要有施工机具的安全防护、消防保卫管理、施工用电安全措施、雨季施工阶段的防护措施。

①施工机具的安全防护

现场所有机械设备必须按照施工平面布置图进行布置，机械设备的设置和使用必须严格遵守《施工现场机械设备安全管理规定》，现场机械有明显的安全标志和安全技术操作指示牌，具体要做到：

搅拌机应搭设防砸、防雨操作棚；

所有机械设备应经常性清洁、润滑、紧固、调整，不超负荷和带病工作；

机械在停用、停电时必须切断电源；

对新技术、新材料、新工艺、新设备的使用，在制定操作规程的同时，必须制定安全操作规程；

对特殊工序，必须编制作业方案，提出确保安全的措施。

②消防保卫管理

施工现场必须配备足够的消防器材，务必满足消防要求。

现场料场、库房的布置应合理规范，易燃易爆物品、有毒物品均应设专库保管，严格执行领用、回收制度。

现场建立门卫、巡逻制度。

③施工用电安全措施

现场用电线路的设置和架设必须按苏州市有关规定与布置图进行。电缆线均应架空，穿越道路的电缆线除套防护套管外，埋至深度应超过200毫米。

现场配电箱设有可靠有效的三组漏电保护器，动作灵敏，动力、照明分开，与总电箱内的漏电保护器形成二级保护，使施工用电更安全。

现场所用的配电箱应统一编号、上锁，专人保管，机壳接地良好。施工用电的设备、电缆线、导线、漏电保护器等应有产品质量合格证。漏电保护器要经常检查，发现问题立即更换，熔丝要相配合。

④ 雨季施工阶段的防护措施

加强机械检查、安全用电，防止漏电、触电事故。

下雨尽量不安排在外架上作业，如因工程需要必须施工，则应采取防滑措施，并系好安全带。

拆除外架时，应在天气晴好的时间，不得在下雨的时间内进行。

（4）安全应急措施

主要有制定事故应急救援预案、事故的处置程序、其他事项。

①制定事故应急救援预案

根据《安全生产法》和《建筑法》的有关规定，为迅速采取有效措施，及时组织抢救，最大限度在防止事故的扩大、减少人员伤亡和经济损失，结合本工程的实际，制定本工程建设重大事故应急救援预案。

②事故的处置程序

事故发生后，项目部必须立即将事发地点、事故类型、伤亡等情况报告单位领导和主管部门，由其速报应急救援领导小组，特别紧急时，直接报应急救援的总指挥以及公安、医院以及相关专业及部门等。在急救的同时，工程现场负责人应因地制宜地采取必要的紧急施救措施，防止事故进一步扩大或造成更大的伤亡。

③其他事项

结合本工程自身特点，加强宣传教育工作，提高职工预防重大特大事故发生的意识，采取有效措施，及时排查并坚决整改和排除重特大事故隐患。紧急预案内容在施工黑板报上予以公示。

3．文明措施

文明施工是一个建筑施工企业形象最直接的反映，在工程的施工过程中，按照苏州市有关施工现场标准化管理规定及相关文件进行布置及管理，避免对周围环境的影响。

①对建筑工地周围砌筑围墙进行封闭施工，负责保持整洁和维护。

②大门整洁醒目，形象设计有特色，"九牌一图"齐全完整。

③现场材料分类标识，堆放整齐。

④在施工过程中，要求各作业班组做到工完场清，以保证施工场地中没有多余的材料垃圾。

⑤项目经理部派专人对各处进行清扫、检查，使每个已施工完的结构面清洁、无积灰，而对运入各处的材料要求堆放整齐，以使其整齐划一。

⑥及时清运施工垃圾，经清理后集中堆放。集中的垃圾及时运走，以保证场容的整洁。

⑦在现场设专职保洁员若干名，对施工场容进行管理。

⑧临时厕所按现场条件按有关规定执行。

⑨施工现场无蚊蝇、鼠迹和蟑螂，防蚊、防鼠、防蟑措施到位。

⑩大门口两侧主要进出道路有专人清扫，保证无建筑、生活垃圾和污染。

⑪防火组织健全，在施工过程中建立以项目经理为首的义务消防队，定期训练，并保证消防设施齐全有效，所有施工人员均会正确使用消防器材。

⑫现场施工人员登记成册，作业人员持证上岗，大门口昼夜值班，所有人员均三证齐全有效。

⑬加强施工现场用电管理，严禁乱拉乱接电线，并派专人对电器设备定期检查，对不符合规范的操作限期整改。

4．环保措施

（1）进驻现场后，对现场绿化进行有效的防护。

（2）现场要加强场容管理，做到整齐、干净、节约、安全、施工秩序良好。

（3）施工的建筑垃圾应及时清运，并倾倒于指定地方，不得随意倾倒，影响市容。

（4）除设有符合规定的装置外，不得在施工现场熔融沥青或者焚烧建筑垃圾以及其他会产生有毒、有害烟尘和恶臭气体的物质。

（5）积极遵守市内对夜间施工的有关规定，尽量减少夜间施工，并采取措施尽量减少噪声。

（六）施工现场总平面布置

根据现场实际情况，施工及材料主要进出口设置在景区东大门，塔四周采用市区标准围挡进行围护。塔东侧设置施工主出入口，围挡内空地设置材料堆放点、配电间、材料半成品堆放区。

四　整修会议纪要

1．开工动员会议

2013年9月10日，会议在苏州市文保所会议室召开。与会各方就瑞光塔抢救性维修工程进行了深入沟通，对维修方案进行深入讨论，研究整个工程的程序、施工工艺、工程特点及施工重点难点，各方人员的安排及组织结构，明确工程前期工作重点。主要内容如下。

（1）工程概况

瑞光塔维修工程经过近三年的筹备，将于9月26日正式开工。本次工程维修遵循"不改变文物原状"的原则，施工中应最大限度地保留原有构件，损坏构件以修补为主，无法修补影响安全的构件应采用原材料、原结构形式、原工艺进行替换。工程预计将持续4个月。

（2）各方职责

施工方严格按照合同，对施工进度、质量、费用进行控制，同时做到安全文明施工，确保工程顺利完成；遵循国家文物局批复，严格按照方案施工，施工中使用原材料、原形式、原工艺维修，不影响古建筑风貌。监理方对本工程质量控制、进度控制、费用控制、合同管理、信息管理和工作协调实施全面的管理。业主方需积极参与工程变更、施工问题的讨论，工程中遇到难以解决的问题应及时邀请各方专家进行技术指导和把关。

（3）技术要求

本工程为全国重点文物保护单位维修工程，业主方、设计方、施工方、监理方应深入研究方案，根据工程实际对方案进行完善。

①本工程为全国重点文物保护单位维修工程，根据文物、建设相关法律、法规要求，施工单位应及时做好安全质量监督报监、施工组织设计及工程进度计划编制、相关文件备案等工程前期准备工作。

②本次维修工程对脚手架搭设要求较高，需根据现场实际情况，编制脚手架专项方案，并需组织专家论证。

③揭顶后，根据塔刹处砌体、承重枋等构件实际破损状况，各方需现场深入研究讨论维修方案，确认维修加固措施及具体工序工艺。

④施工中应采用传统工艺，如对塔身宋式油色的保养工艺需研究再进行实施，在保证安全的前提下，减小对文物结构、风貌的扰动，保证文物的原汁原味。

⑤在施工期间，对塔身、塔刹进行安全监测。

⑥清除塔体电线电缆等电气设备时，注意安全。

⑦注意瓦件等材料的测算及更换，提前定制，避免影响工程进度。

⑧请专业单位对塔体木构件进行防腐防虫处理。

⑨注意施工中安全文明施工及文物本体的保护工作。

（4）下一步工作重点

①尽快完善脚手架专项方案，并组织专家进行论证。

②参与各方做好人员安排，明确各方项目组织结构。

③各施工节点做好资料收集工作。

④施工期间，施工单位做好形象展示工作。

⑤施工单位及时编制施工组织设计及进度计划。

⑥施工单位做好进场前材料、设备等准备工作。

⑦做好与景区的协调工作。

2．第一次工地例会

2013年9月18日下午，会议在盘门景区风景名胜管理处会议室召开。瑞光塔抢修工程将于9月底正式开工，为保证工程顺利实施，苏州市文物保护管理所，计成文物建筑研究设计院有限公司，盘门景区风景名胜管理处等工程各方于9月18日下午在盘门景区风景名胜管理处会议室召开现场准备会议。

与会各方就瑞光塔抢修工程开工各项准备工作进行了沟通，研究讨论人员材料进出路线、施工材料堆放、场地安排等事宜。主要内容如下。

（1）各方就施工细节进行磋商

景区方提出：施工区与游览区分离，施工方按照景区管理处要求的范围搭设施工围挡，施工人员应在围挡范围内活动，不得进入景区；材料进场应尽量控制在晚上，避开景区开放时间段；施工造成的绿化带损坏，应在施工结束后按原样修复。

建设方提出：施工方应做好施工前准备工作，尽快做好脚手架专项方案及施工组织设计；施工前做好瑞光塔监测原始数据的采集；施工现场做好安全防护，施工人员持证上岗，佩戴安全帽，施工现场不得抽烟，晚间值班人员应严格遵守景区规定，不得进入景区。

施工方提出：提供水电等基本施工条件，提供办公场所，包括办公室、会议室。

（2）经各方讨论，形成决议

①按照瑞光塔抢修工程开工动员会议精神，各方做好准备工作，于9月26日正式进场施工。

②施工方尽快深入研究方案，完成脚手架专项方案的编制论证工作，做好各项施工准备，完善工程前期材料。

③做好施工现场布置，包括安全护栏、安全标识、办公场所布置、相关人员安排等。

④景区主入口北侧拆除部分围墙，作为施工人员、材料出入口。

⑤瑞光塔周边围栏内及东北侧绿化带作为施工场地，沿施工场地做好安全围挡，南侧围挡外作为游客通道。

⑥原文保所办公用房作为办公场所，施工用水用电可以从办公场所接出，用水用电应注意安全。办公室布置应注意整洁美观，建设、施工、监理各方办公设施统筹考虑。

⑦其他工程中涉及问题应及时沟通解决。

3．第三周工地例会

2013年10月10日上午，在瑞光塔抢救性维修工程现场会议室召开。与会各方就瑞光塔维修工程进行了沟通，对工程中存在的问题进行了讨论，并对下一步工作进行了部署，各方介绍了工程进展。

（1）施工方介绍工程进度

①本次维修工程工期为4个月，工期较为紧张，26日开工至今工程进展较为滞后，主要原因是十一假期应盘门景区方要求，节假日期间暂不封闭参观通道，以及十一过后台风暴雨天气影响施工。

②施工场地布置情况：施工通道开通，地坪铺设木板等进行保护，在瑞光塔南侧沿石质护栏搭设围挡，引导游客绕过瑞光塔进入景区，避免施工中安全隐患，企业形象展板已通过建设方、监理方审核，近期进行安装。

③文物本体保护准备工作：对塔基处覆盆、须弥座制定保护措施进行保护。

④脚手架方案准备工作：脚手架专项方案已编制完成，并经过专家初步论证，根据专家意见，按新规范对塔体拉结方面及钢管计算进行完善，争取尽快完成专家论证。

⑤办公场所布置完成。

（2）建设及监理方介绍工程进展

①联系相关单位进行工程配套工作：联系白蚁防治所，对瑞光塔及周边环境进行白蚁勘察，维修过程中对木构件进行防虫处理；委托有资质的防雷单位对瑞光塔进行勘察，对瑞光塔原有防雷设施进行检测，判断其是否达到国家规范要求；联系景观亮化单位，对瑞光塔四周原有景观灯的完好情况进行检测。

②明确项目组织机构，并建立值班制度，完成相关文件、上墙资料等准备工作。

③工程监理、监管人员到位，对施工进行监督、管理。

施工方对存在问题进行阐述，各方对相关问题进行讨论，文物专家对相关重点难点进行指导。主要内容如下。

①施工单位应进一步明确本次工程的维修目的，深化施工方案，在正式揭顶维修前，进一步勘察草架内部及塔刹构件固定情况，使方案与实际相结合，做好揭顶维修前期准备工作。本次维修工程中应遵循"原材料、原形式、原工艺"原则，采用传统工艺，以维修为主，施工过程中尽量少更换原有材料，减少对文物原有风貌的影响。

②施工单位明确项目工程施工责任制，根据项目组织结构合理安排人员，各专业人员职责分工明确。

③施工单位应根据现场实际情况，完善细化各分部分项工程专项方案，理顺施工次序。

④脚手架专项方案的编制应着重考虑脚手架与底层副阶构架关系，青砖、青石须弥座等石构件如何妥善保护处理、塔刹处操作平台如何撑拉等安全技术措施。

⑤施工单位尽快做好工程前期、中期、后期对塔身、塔刹的监测工作，设立基准点和监测点，对塔身、塔刹的倾斜、沉降进行监测，重点是底层及五、六、七层。

⑥深入研究施工方案，对传统施工工艺进行研究和发掘，材料提前准备充分，如统计瓦件等材料的式样及数量，提前定制。

⑦ 施工过程中各方需做好文字、影像等资料整理收集工作，包括现场监测、各节点施工工艺等。

⑧各相关单位应相互配合，在施工过程中遇到难以解决的问题及时邀请各方专家进行技术指导和把关，常规情况每周三召开工地例会，如遇到特殊情况，每天及时召开专题例会解决问题，保证工程顺利完成。

（3）下一步工作计划

①10月11日，完成形象展示宣传板的安装及围护外观清理。

②10月15～20日，争取完成脚手架专项方案专家论证，并开始搭设。

③施工单位修改施工组织设计，细化各分部分项专项方案，同时监理单位根据施工单位修改的施工组织设计对监理规划、细则等资料进行完善。

④10月中旬，争取完成对塔身、塔刹的监测：设立基准点、监测点，对塔身、塔刹的倾斜、沉降情况进行监测。

⑤施工单位对塔顶内部进行勘察。

4．第五周工地例会

2013年10月23日上午9：30，在瑞光塔抢救性维修工程现场会议室召开。与会各方就瑞光塔维修工程进行了沟通，讨论了工程要点难点、上周工作情况及下一步工作计划。

（1）施工方介绍本周工程进度

①副阶平綦已全部拆除，为方便脚手架搭设，正在拆除部分副阶屋面瓦件。

②脚手架专项方案周一已基本通过专家论证，需再次修改完善报专家讨论签字确认。

③脚手架材料已进场，从底层开始搭设。

（2）建设、监理单位提出要求

①施工单位应尽快完善完成安全生产责任书。

②根据脚手架专项方案专家论证要求，施工单位需将扣件、钢管等材料送至专业部门进行检测，并经监理现场抽检达到规范要求方可进场使用。脚手架搭设前，施工负责人按照施工方案要求，结合施工现场作业条件和队伍情况，做详细的交底，并有专人指挥。搭设时，施工人员进场施工前进行三级安全教育，注意高空作业安全。

③施工单位做好工程前期塔身塔刹监测工作，尽快完成施工前监测报告，上报建设、监理各方，组织论证。

（3）下一步工作计划

①脚手架专项方案完成专家论证，施工单位开始进行脚手架搭设工程，预计11月中旬完成脚手架搭设。

②拆除塔内、塔身电缆、电线、亮化灯具等电器设备，注意减少施工操作对塔体现状的扰动。

③施工单位深化施工组织设计，完善安全防护方案及措施，并尽快落实到位，妥善保护青砖、青石须弥座等石构件，完成塔身塔刹监测报告，争取下周三工地例会前提交。

④施工单位完善相关资料，按相关流程，至相关部门办理安全质量监督报监手续。

5．监测现场讨论会

2013年11月1日上午9：30，在瑞光塔抢救性维修工程施工现场召开。与会各方踏勘了监测现场，就瑞光塔监测工程进行沟通，讨论了监测过程中存在的问题，并对下一步工作进行了部署。

（1）施工方介绍监测工作相关细节

施工方向专业监测人员展示了监测基准点、塔身监测点的布置，介绍了监测内容及方案，同时请专业监测人员查看了上周监测报告、监测设备。

（2）专业监测人员提出相关建议

①监测方法宜使用误差较小的小角法。

②应布置好基准点，并做好防护措施，保证监测数据的准确性，以便为今后监测工作提供参考点。

③塔身监测点宜粘贴反射片，确保监测数据的准确性。

④监测设备应具备设备检测中心提供的检测报告，设备应定期检测，确保设备正常运行。

⑤监测周期宜为三天一次，当施工进度较快时，应一天一次。

（3）下一步工作

①完善监测方案，做好塔体监测工作。

②监测设备应具备检测报告，作为监测工作文件，报建设方、监理方。

③由专业监测人员开展现场监测工作。

6．第七周工地例会

2013年11月6日上午9：30，在瑞光塔抢救性维修工程现场会议室召开。与会各方就瑞光塔维修工程进行了沟通，讨论了工程要点难点、上周工作情况及下一步工作计划。

（1）施工方介绍本周工程进度

①外部脚手架搭设至五层，塔体内部脚手架搭设至五层。

②统计瓦件式样及数量，与原厂家联系定制，厂家库房仍存留大量上次维修时烧制的瓦件。

③对传统施工工艺进行研究，如对材料配比进行分析、研究。

（2）建设、监理单位提出要求

①脚手架即将搭设完毕，搭设至七层檐口时，需组织专家召开专题例会，根据现场实际情况，研究讨论塔顶维修施工技术措施。

②强调各方需严格按照相关规范要求进行档案资料管理，如：开工报审、方案报审等及时完善审批，以及各种材料进场报验需提供出厂合格证、检验报告、材料清单等相关材料。

③施工过程中，各方做好文字、影像等资料整理收集工作，包括现场监测、各节点施工工艺等。

④对青石须弥座等石构件保护措施需进一步完善，避免施工对文物本体造成损害。

⑤要求施工方请专业监测人员指导塔体监测工作，完善监测方案，保证监测工作的科学性和有效性，并上报建设、监理各方，组织论证。

⑥协调相关防雷、防虫专业单位，与施工单位及专家现场进行沟通研究，完善防雷、防虫专项方案内容，各专项工程与抢修工程综合考虑实施。

（3）下一步工作计划

①11月15日左右完成脚手架搭设。

②对青石须弥座等石构件进行加强保护，下周三前完成青石须弥座保护技术措施。

③将厂家留存的瓦件各规格样品先报监理方、相关专家进行审核，并建议工程完工后预留部分瓦件以备后期保养使用。

④施工监测人员结合专业监测人员的建议，尽早完善监测方案，做好塔体监测工作。

7．第九周工地例会

2013年11月20日上午9：30，在瑞光塔抢救性维修工程现场会议室召开。本周瑞光塔维修工程脚手架搭设已基本完成，施工单位完成脚手架搭设自评自检工作。11月20日，建设、设计、施工、监理及文物专家多方人员在塔顶层进行了实地勘察，对塔顶险情状况进行了分析讨论，研究施工技术措施及要点难点，明确了下一步工作重点，对塔顶层实地勘察。具体如下。

（1）塔刹处支撑砌体的承重枋因漏雨腐烂严重，刹座砌体风化，收缩开裂，其中西部、西南部翼角处比较严重，约为50～70毫米；七层屋面局部筒瓦底瓦破损，檐口瓦当滴水残破较为严重，八角戗脊下部戗角破损严重，塔刹铁链拉结点处戗脊破损透光。

（2）塔顶层8根群柱有3根受损严重，其中1根已无法起到支撑作用；原有木构件用料偏小，草架内桁条等木构件下沉变形，部分构件节点榫头松动。

（3）塔芯木上两个抱箍松动滑落，局部锈蚀。

（4）屋架上下支撑承重枋局部变形，下承重枋处钢筋锈蚀严重，砖砌体收缩，粉刷层脱落。

针对以上问题，与会人员进行了研究讨论，对塔顶险情进行了原因分析：塔顶层险情状况与原方案分析研究基本一致，支撑砼板下砌体的承重枋由于受损变形下沉，导致上部砌体同步下沉，出现裂缝和漏雨状况；由于刹座砌体横向裂缝宽度较大，长期雨水渗入，造成裂缝处承重枋及木柱朽烂；同时由于刹座砌体及承重枋因承载力不足，同步变形下沉使得内部梁架结点松动，致使窜枋、角梁、木椽受压，变形下沉，影响塔顶木结构稳定，造成严重安全隐患。下一步工作要求：

（1）设计单位根据塔顶层实际险情，深化测绘内容，完善维修方案，拍摄影像资料，绘制详细图示，各节点与照片一一对应。

（2）施工单位结合勘测及已完善的方案，结合专家意见，对险情现状进行分析及评估，形成施工前检测评估报告及塔顶层维修专项技术措施方案，明确加固技术、工艺细节等施工步骤。

（3）由于塔内地坪为80毫米厚钢筋砼板，承重力较差，脚手架搭设时避免在塔内集中荷载，以免破坏塔体结构。

（4）维修时，不得改变塔刹内现有的木构架形制，加固时以原有构件为主，钢构件为辅，做到不破坏原塔顶木结构的外观风貌，钢构件最大限度的隐蔽。

8．塔顶方案调整专题例会

2013年12月13日上午9：30，瑞光塔抢救性维修工程现场会议室召开。由于塔顶险情状况比较严重，需对原维修方案进行调整、论证，造成部分合同外工程量及工程费用的增加，2013年12月13日，建设单位邀请市财政局、财政评审中心相关领导至瑞光塔维修现场，实地勘察险情，对塔顶实际险情进行确认，并与建设、设计、施工、监理及文物专家等一起对险情状况、工程量增加情况进行讨论，明确了下一步工作程序，主要内容如下。设计单位介绍塔顶层实际险情，并对出险原因进行了分析。具体如下。

（1）塔顶层8根群柱，南侧4根向东倾斜，北侧4根向西倾斜，呈逆时针扭转，总体偏差约50毫米，塔芯木产生倾斜偏移。东北角一根群柱顶部糟朽断裂，横梁缺失，其余群柱糟朽均较为严重。

（2）经勘测，砼板上部塔芯木向西北倾斜约40毫米，砼板下部塔芯木向东倾斜约200毫米，塔心木两个抱箍松动滑落，局部锈蚀。

（3）塔刹处支撑砌体的砼板底因漏雨糟朽严重，钢筋锈蚀严重。

（4）塔顶层草架内构件用料偏小，桁条、水平联系梁等构件扭闪、走位，榫头松动，椽条糟朽，部分梁与榫眼不匹配。

（5）对出险原因进行了分析：塔刹在风力作用下产生摆动，由于受力不均，造成塔顶层构件发生形变，砖砌体出现裂缝，由于温差及砖砌体本身收缩等原因，砌体裂缝扩大，粉刷层剥落，长期雨水渗入，造成塔顶层木构件糟朽变形，长期以来，构件糟朽情况日益严重，影响顶层结构安全。

施工单位根据拟调整的维修方案、施工工序，细化了工程内容，介绍了增加的工程量内容及费用。具体情况如下。

增加的工程量包括顶层屋面拆卸（固定单价项目）、顶层屋面古建（固定单价项目）、顶层屋面古建（合同外新增项目）。

市财政局、财政评审中心领导对塔顶进行了实地勘察，介绍了工程量变更所需要的流程：设计单位编制维修方案，并进行专家论证，根据论证的维修方案，施工单位编制维修专项技术方案，并准备好相关材料，分别送至建设局、审计局、财政局、住建监察局四家单位，三个工作日后，四家单位组织召开会议讨论，进行会审，对方案进行论证，通过后再由住建部门统一盖章备案。

对相关单位明确下一步工作重点：

（1）设计单位编制维修方案，并组织专家论证，对应招标文件，明确变更方案，编制施工方案及详细的工程量预算书。

（2）施工单位将相关材料准备完善，如变更备案情况说明、相关变更书、预算书等相关材料。

（3）相关资料准备完善，及时根据流程上报相关政府主管部门，进行会审、论证。

9．第十五周工地例会

2013年12月31日上午10：30，在瑞光塔抢救性维修工程现场会议室召开。与会各方就瑞光塔维修工程进行了沟通，讨论了工程要点难点、上周工作情况及下一步工作计划，施工方介绍了本周工程进度。具体如下。

（1）屋面木构件加工完成，运至施工现场，并联系白蚁防治中心对木构件进行白蚁防治。

（2）完成八根朽烂严重顶撑的拆卸，根据拆卸下来的顶撑对新构件进行现场加工，八根顶撑及联系枋安装完毕，戗脊下木枋及童柱正在安装。

（3）塔刹砼板底部用碳纤维进行加固。

与会人员研究讨论了施工要点及难点，明确目前维修工作重点：

①设计单位根据讨论内容，细化各维修节点，绘制节点详图，施工单位编制塔顶层维修专项技术方案，明确加固技术、工艺细节、施工工序。

②塔刹砼板底部已完成碳纤维加固，抓紧进行不锈钢顶板加固与连接；建议不锈钢板下部设硬木套枋，与八根顶撑相连接，加固木构件采用桐油防护；不锈钢顶板边缘做防水处理。

③施工单位与防雷单位沟通，完善防雷工程施工内容，如支架如何固定、焊接工艺等，与抢修工程综合考虑实施。

④由于冬季温度较低，不利于砌体工程施工，七层屋面修缮需根据温度条件进行，先进行六层屋面的整修工程。

⑤塔顶层构件加固以木构件为主，部分节点根据实际情况可采用碳纤维及不锈钢进行加固。

（4）施工单位根据工程进展情况，完善相关资料工作

（5）下一步工作计划

①继续实施对六七层木构进行加固维修，2014年1月10日左右，完成七层木构架、椽条等安装。

②对塔刹构件进行防腐、防锈处理，构件面层涂刷水柏油，缝隙处用环氧树脂进行填补。

③塔体油色、油漆需明确施工工艺，做好样板，待专家确认后再进行施工。

④防雷单位根据现场施工条件进行防雷施工。

10．第十七周工地例会

2014年1月15日上午9：30，在瑞光塔抢救性维修工程现场会议室召开。与会各方就瑞光塔维修工程进行了沟通，讨论了工程要点难点及下一步工作计划，防雷设计单位介绍了维修保养方案。具体如下。

（1）瑞光塔为第一类防雷文物建筑物，本次防雷维修工程主要分三部分，即接闪针和接闪带、引下线、接地装置。

（2）根据检测，原有避雷针及引下线符合相关规范要求，不进行更换。屋面接闪带采用30毫米×3毫米的扁铜明敷，不锈钢镀锌支架固定，接闪带敷设时应平正顺直或弯曲随形，材料间的连接采用热放焊工艺；在塔体西北增加一根90平方毫米的引下线，采用明敷，沿塔身顺直引下，明敷引下线采用绝缘套管保护，距地面不低于300毫米处设断接卡；水平接地体采用镀锌扁钢40毫米×4毫米，围绕文物建筑附近敷设"A"形接地体，4根垂直接地体采用镀锌钢材L50毫米×50毫米×5毫米×1500毫米，防直击雷接地冲击电阻不大于10欧姆，根据现场实际情况，设防跨步电压保护。

与会人员研究讨论了防雷工程施工要点及难点，明确防雷工程工作重点：防雷工程维修方案应与现场实际情况相结合，明确工艺细节，如接闪带与避雷针如何连接、引下线与避雷针如何穿过屋面相连接、引下线如何穿过平座底板、引下线穿过平座对文物建筑是否有危害、引下线如何穿过台基须弥座等。

（3）下一步工作计划

①防雷设计单位需根据现场文物建筑实际情况及本次会议内容，考虑文物建筑整体形态，避免影响文物风貌，完善防雷维修保养方案，细化具体措施。

②防雷维修保养方案需在专家指导下由专业单位进行施工。

11．第二十五周工地例会

2014年3月12日上午9点，在瑞光塔抢救性维修工程现场会议室召开。文物专家及相关建设、监理、施工单位对塔顶层主体结构工程进行分部验收，随后各方就瑞光塔维修工程进展情况进行了沟通讨论，明确目前维修工作重点及下一步工作计划。主要内容如下。

文物专家及相关建设、监理、施工单位相关人员对塔顶层已完成的主体结构工程进行检查、验收，经检验符合塔顶加固调整方案及相关规范要求，同时提出几点需要整改的问题：前期脚手架搭设时，塔顶层每面有两根出檐椽根部被截断，需修补并用扁铁加固。屋顶草架内原构件需进行清理加固。

（1）施工单位介绍本周工程进度

①按照施工方案，完成对相应构造节点的加固措施，并对已完成的主体结构工程进行自检，自检合格，通知相关文物专家、监理、建设单位对该分项工程进行验收。

②原砼板外檐处滴水构造布筋、支模、浇筑混凝土。

③塔顶层屋面铺设瓦件。

④塔体油色油漆工程进行批刮腻子修补、打磨。

⑤防雷工程进行塔身平座钻孔，引下线穿过平座进行穿管敷设。

（2）与会人员研究讨论了施工要点及难点，明确目前维修工作重点。

①塔顶层根部被截断的出檐椽需重新修补，椽条上部加扁铁加固。

②塔顶层戗脊上部，部分用于支撑塑形的螺纹钢偏细偏低，需进行整改。

③设计单位应明确原砼板下部新增不锈钢套筒处加固、砌筑措施，绘制相应节点详图。

④防雷施工单位需根据新监理用表进行工序、材料报验。

（3）下一步工作计划：

①施工单位对塔顶层草架内原构件进行加固，原砼板下部增设不锈钢套筒，套筒外部砖砌体施工，顶层屋面铺设瓦件，塔身油色油漆工程进行批刮腻子、打磨处理。

②防雷工程塔身引下线穿管铺设预计下周三完成，地面接地装置敷设等脚手架拆除后再进行施工。

③施工单位预计4月20日完成屋面工程，5月20日脚手架拆除，6月初竣工，监理单位将严格督促施工单位按时完工，保证质量。

12．第三十一周工地例会

2014年4月23日上午9：30，在瑞光塔抢救性维修工程现场会议室召开。与会各方对塔顶层进行现场查勘，检查五六层腰檐屋面整修工程、六七层塔身油色油饰工程质量、进度情况，随后就维修工程进展情况进行了沟通，讨论了工程要点难点，明确目前维修工作重点及下一步工作计划准。主要内容如下。

（1）施工单位介绍本周工程进度

①五、六层腰檐屋面干宕脊与戗脊交汇处进行加固：拆除原干宕脊与戗脊交汇处开裂砌体，重新砌筑，并配置钢筋；对屋面残破瓦件进行整修、清理，并喷刷黑色涂料。

②完成六、七层塔身油色油漆工程。

③已完成六、七层相关施工工程内容，拆除六、七层脚手架。

④雨天对塔顶层屋面进行检查，未发现漏雨、渗水等情况。

（2）与会人员研究讨论了施工要点及难点，明确目前维修工作重点

①脚手架拆除做好安全技术交底，切实做好安全防护工作。

②施工单位继续对屋面漏雨、渗水情况进行观测。

（3）下一步工作计划

①三、四层腰檐屋面屋脊、瓦件进行清理、修缮。

②四、五层塔身油色油漆工程进行面漆工程。

③搭设一层副阶外围脚手架。

④进行防雷工程地网工程施工。

⑤5月1日前拆除三层以上脚手架，5月10日拆除所有脚手架，5月底完成各层腰檐屋面修缮工程及塔身油色油饰工程。

13．第三十七周工地例会

2014年6月4日上午9：30，在瑞光塔抢救性维修工程现场会议室召开。与会各方对修缮工程进行了现场查勘，就工程后期相关事宜进行了讨论，明确目前维修工作重点及下一步工作计划。主要内容如下。

（1）施工单位介绍本周工程进度
①塔内构件进行清理保洁。

②围墙处施工洞口封堵。

③办公辅房屋面翻修、墙面及木构油漆涂料粉饰。

④工程资料归档整理。

（2）与会人员研究讨论了目前工程后期维修工作重点

①各方做好相关竣工验收准备工作：完成设计及合同约定的各项内容、相关资料整理归档等。

②施工单位及时与景区沟通，做好绿化等交接工作。

③施工单位针对工程特点编制工作总结，监理单位对施工过程中照片影像资料进行整理，并编制相关工作报告。

④在工程竣工验收移交前，施工单位做好现场安全文明等管理工作。

（3）下一步工作计划

①对施工通道进行清理整修并移交景区。

②对塔身、塔内构件进行清理。

③办公辅房周边围墙瓦件进行翻修。

④11日，现场设备、材料撤场。

⑤预计20日左右进行竣工验收。

陆　竣工验收

一 工程概况

瑞光塔抢救性维修工程从2013年9月26日开始动工，至2014年5月30日文物建筑本体维修工程全面竣工。

本次维修工程主要针对塔顶刹座砌体开裂下沉的险情，以及内部木构年久失修腐朽造成整体构架松动变形的隐患，采取揭顶加固的维修方式，对七层内构架及草架部分进行修缮，并针对塔壁、副阶、塔基、腰檐、平座等部位，由于年久失修及日晒雨淋等自然及人为因素影响而造成的残损，采用抢险与保养相结合的维修方式。维修工程遵循"不改变文物原状"的原则，施工中最大限度地保留原有构件，损坏构件以修补为主，无法修补影响安全的构件采用原材料、原结构形式、原工艺进行替换，并对构件进行防虫防腐处理，在不改变文物的外观风貌的前提下，提高结构整体强度，同时注意实际工程的可操作性和实效性，达到排除险情、延续及充分展示文物价值的目的。

具体工程内容包括刹座加固，并做防水构造处理；更换塔顶糟朽严重的材料，按原状铺设塔顶屋面；加固及更换各层受损木构件；加固或拆砌各层赶宕脊、戗脊；防雷工程；翻修各层漏雨屋面；重新油漆外立面（椽子、斗栱、栏杆等），修补各层风化、脱落的抹灰层；修补各层平座砖细贴面；铁件加固各层平座栏杆；整平一层露台铺装地等。

二 项目特征

瑞光塔刹座由下部八根木柱支承，支承处设一砼板，砼板下边缘采用砖砌体外粉纸筋灰浆包裹在八根木顶撑顶端（砖砌体砌筑于八根顶撑外侧的木托上）。由于水平荷载作用，砖砌体在长期受横向力作用下，产生裂缝；且砖材料本身吸水性较好，在产生裂缝后更容易受外界水的侵袭；长年日晒雨淋后，八根顶撑顶端全部糟朽，使其丧失承载力，也导致包裹在顶撑周围的砖砌体下沉，以致出现维修前草架透光现象。

由于年久失修，各层均出现屋面漏雨，木构件大面积糟朽，赶宕脊、戗脊风化开裂，外墙面抹灰层风化、脱落，油漆剥落、褪色等情况。

三　项目实施

1．脚手架工程

瑞光塔通高53.6米，是古代的高层建筑，按现有施工规范，其脚手架也属超高脚手架。因此项目组按脚手架安全操作规程，编制了脚手架搭设方案，并按规程要求，通过了专家论证。

整个脚手架采用钢管扣件式，双排双立竿。由于瑞光塔有收分，脚手架越往上，与塔身距离就越大。因此采用由底层向内悬挑的形式，保证脚手架不直接落于塔身。

按现行施工要求，脚手架搭设须与建筑物连接，但瑞光塔年代久远，其墙体、副檐等构件如果直接与其连接，不但是对文物的破坏，也有可能出现安全隐患。为此项目组经过多次探讨和研究，制定了"筒中套筒"的方案：在塔身外围及内室各搭设一个钢管"筒"（内筒通过楼梯间可拆卸的木楼板往上搭设），利用壸门洞口，采用钢管扣件将内外两筒相连。连接的钢管均视洞口大小放设两道或更多，这样使脚手架工程既满足现行规范要求，又不会对文物本体造成损害。

施工过程中，项目组做好日检、周检、月检工作，及时查看隐患，保证了施工正常进行，无安全事故。

2．垂直运输

瑞光塔较高，且周边场地较小，按常规设置塔吊（无法安装连墙件）或井架（高度超高且无法安装揽风绳）均无条件。为此，项目组利用脚手架，在各个高度搭设平台，采用人力的办法，层层往上运输。

由于瑞光塔地处盘门景区，周边也有居民居住，如何有效地控制拆卸时的扬尘也是至关重要的。为此项目组在拆卸屋面时，要求工人动作轻盈，并做好垃圾归堆。垃圾运输采用脚手架上垂直安置一根直径500毫米的PVC管，垃圾由此往里倾卸，并在排出口处安置防扬尘布，实践下来，效果较好。

3．刹座加固

根据设计方案，瑞光塔刹座下外围砌体已开裂下沉，开裂处雨水渗入，致使塔顶透光，雨大时，楼层积水，设计单位为此提出了加固方案。由于勘察设计阶段，瑞光塔未搭设脚手架，勘察仅限于局部，待脚手架搭设完毕，项目组邀请了市文物局专家，建设、设计、监理等相关单位，对刹座外侧及内部进行勘察，并在专家提议下，先进行局部打开后再深入勘测。

局部打开后，整个构造符合测绘图纸，但残损情况远大于原先预想的情况，八根顶撑顶端全部糟朽，支承覆钵状砌体的木托糟朽严重，但上部刹座及砼板保存基本完好。

为此，项目组会同建设、设计、监理等相关单位和专家进行深入探讨，研究加固方案并实施。在保证上部刹座稳定的前提下（采用下部支顶，上部挂吊的方式，防止刹座下滑），更换八根顶撑，并在覆钵状砌体与八根顶撑间增设环状不锈钢折板，以起到构造防水作用。同时，原砼板下加设碳素纤维及不锈钢板各一道，再用八根顶撑支承。八根顶撑安装完毕后，再与其他木构采用抱箍、"丁"字形铁件等进行连接加固。为了更好地保护好塔顶木构，项目组利用脚手架，搭设防雨雨棚。考虑到塔顶修缮处于冬季，风大雨多，且很有可能会有降雪天气，项目组采用了厚实的防雨布，多设固定绑扎点，防止大风吹动，并在雨布下加密龙骨，以增加其承载力。整个工程历经多次雨天，防护效果显著。

4. 屋面修复

拆卸前，我方专从公司调配多名技术人员在项目经理的组织下与木工、瓦工队长对塔顶及各层屋面的瓦作、木作做施工勘察，并绘制相应图纸，拆卸时，以上成员跟踪勘察，并绘制隐蔽构件详图。为修复工程做准备。

屋面木构修复时，项目组尽可能地保留原有构件，仅将原糟朽严重的木椽、望板等进行更换，原糟朽严重的板材等，去除糟朽部分，将剩余材料全部用于找接、镶拼等之用。

屋面水作修复时，按原屋面瓦件搭接、铁件布置及原苫背厚度进行铺设。为加强屋面防雨功效，在专家的建议下，屋面增设了防水层一道。各层赶宕脊、戗脊修复时，视残损情况不同，采用了不同的修复方式：开裂严重的，拆卸后，按原式样、原材质进行修脊复，并增设铁件加固。表面风化严重的，铲除表面风化层，按原试样、原材料进行粉刷。

经施工勘察，瑞光塔塔顶及各层屋面和各类屋脊中均存有铁件，保存完好的，项目组在拆卸时如数保管，损坏严重的，及时按原样式及材质进行制作，以确保修复工程的进度。

5. 油漆、外墙面保养

修缮前瑞光塔外立面油漆及粉刷层剥落严重，在多次与业主、监理的研讨及专家的指引下，确定塔内油漆及抹灰层保持原状，外立面木构部分按原传统油漆做法修缮，外墙面抹灰空鼓、剥落严重的按原粉刷材质进行修补。

为此，在施工阶段，项目组封闭了进入塔内的通道，并在内筒脚手架搭设位置对内部木构及墙面等做了防护，同时也对一层副阶的青石须弥座进行防碰撞保护，以保证在施工中不受损。

外立面木构件采用原油漆做法进行，在进行色泽调配时，项目组聘请了经验丰富的油漆工进行多次样板式样，并在业主、监理及专家的确定后，小范围施工，待确认效果后，方全面展开。目前整个瑞光塔，油漆工程观感质量符合文物修缮要求。外墙面，对空鼓、剥落严重的进行铲除，在铲除前，项目组首先进行勘察，标需要修复的位置及范围；铲除时，要求操作工人小心拆除，防止损害其他未破损处。修复施工时，选用技术高超的人员，按原纸筋灰浆，在做好基底处理后进行粉刷，同时做好新旧面接搓。

6. 防雷工程

本次防雷工程主要分为三部分，即接闪针和接闪带、引下线、接地装置。根据现场实际情况，设防跨步电压保护。

整个施工过程中，项目组不仅对工地的质量进度、安全生产、文明施工等进行全面跟踪、监督，还针对塔体安全编制了变形监测方案，利用全站仪对塔刹垂直度等进行周测、月测。经检测，整个工程进展中，原塔刹垂直度基本未变。

瑞光塔维修保护工程已完成现场施工内容，质量符合文物修缮要求，资料齐全，自评合格。整个工程历时248天，无安全事故，文明施工达到苏州市文明工地要求。

四　施工中发现的问题及措施

工程实施中，在揭顶后发现，八根群柱支撑塔刹的顶柱部分由于塔顶常年漏雨而严重糟朽，完全失去了承重能力，如不及时采取措施，恐难以支撑塔刹，进而导致塔刹倾倒的险情。针对现状，经过专家论证，确定了如下修复措施。

1．构造分析

瑞光塔塔顶构造为八榀抬梁式木构架围绕塔心柱组成的群柱结构，其中有八根顶撑支撑一砼板，上承覆钵、仰莲等塔顶构件，砼板下部砖砌覆钵。砖砌体安置于环抱在八根顶撑边的木圈梁。

2．揭顶后发现的残损状况

八根顶撑上部已全部糟朽，其中东北角处的一根，已断裂；顶撑之下部分表面已糟朽。东北部处水平连系梁已缺失，其他水平联系梁扭闪。

3．现状残损情况原因分析

由于覆钵为砖砌体，砖材质本身为吸水材料，其次覆钵砌体直接砌筑在环抱于八根群柱顶部的木圈梁上。覆钵常年在风雨侵袭下，使内部木圈梁糟朽并下沉，导致覆钵砌体开裂，屋面漏雨。

4．修缮方案

修缮方法：

通过对现状残损情况的原因分析，以及现状情况，先更换糟朽的木构件，然后在原砌体和木圈梁间增设不锈钢防水隔离层，以防止砌体雨淋后渗水。

具体做法如下：

先用钢管支架将上部塔刹构件固定及支撑好，使其荷载不作用于群柱结构上。然后拆除开裂砌体，按原材料更换糟朽严重的八根木柱，按原样式制作安装木圈梁，并在外设置不锈钢防水隔离层，并做好构造防水措施。最后按原样式砌筑覆钵砌体。

五　工程质量评估

2014年05月21日，由苏州市文物保护管理所、苏州建华建设监理有限责任公司项目监理部组织建设、设计、施工单位相关人员，对瑞光塔维修工程施工单位已完成的、自检合格的工程量进行验收前质量预验收，根据相关法律、法规、江苏省文物保护工程验收标准、设计图纸文件及施工承包合同等，对施工实物质量进行了全面的检查验收，对资料进行检查。项目监理部认为，该工程已具备竣工验收条件。对预验收中发现的遗留工作和需要整改的问题，要求承包单位抓紧时间，在即日起的一周内整改完毕，待监理复查合格后，再报申请建设方组织竣工验收。

本工程主要包括五个分部工程，即脚手架分部、主体分部、屋面分部、装饰分部、防雷分部及其他工程。

1．脚手架分部

维修工程脚手架专项施工方案经过专家论证并通过，本次工程脚手架搭设及拆除均符合专项施工方案及相关规范要求，满足文物建筑保护要求。

经检验，评定结果为合格。

2．主体分部

塔体顶层屋面采取揭顶加固维修，对无法修补，影响结构安全的构件均严格按原材料、原结构、原工艺进行替换，局部修补加固，本工程主体大木构架修缮验收资料齐全。符合相关设计要求、质量验收规范及古建筑传统做法。

经检验，评定结果为合格。

3．屋面分部

塔顶层及副阶屋面重做，增铺防水层，戗脊内部配筋重塑；各层腰檐屋面翻修，残损戗脊、赶宕脊配筋重塑。本次工程涉及的防水层铺设、戗脊砌筑、瓦铺设符合古建筑施工质量及验收规范，屋面分部隐蔽验收资料齐全，戗脊按原样恢复，屋面坡度符合设计要求，屋面淋水试验合格，屋面无渗漏现象。

经检验，评定结果为合格。

4．装饰分部

塔身及构件油色油饰工艺均按传统做法施工，表面光滑均匀一致，色泽柔和，无流坠皱皮，本次工程涉及的分项工程均符合设计及古建传统做法要求。

经检验，评定结果为合格。

5．防雷分部

主要包括屋面接闪带敷设、引下线布置及防雷接地安装三部分，均符合设计、施工质量验收规范及文物建筑防雷要求，并通过苏州市气象局检测验收。

经检验，评定结果为合格。

6．其他工程

包括灯光亮化工程、地面修补工程、环境整治工程，以上工程均符合设计及相关质量验收规范要求。

经检验，评定结果为合格（见表9）。

表9　　　　　　　　　　单位（子单位）工程分项和分项工程监理抽查情况汇总表

分部工程名称	检查分项工程项数	一次报验通过项数	一次报验通过率（%）	合计抽查点数	其中合格点数	合格率	验收结论
主体分部	2	2	100%	120	106	88.3%	合格
装饰分部	6	6	100%	145	126	86.9%	合格
屋面分部	5	5	100%	50	43	86%	合格
脚手架工程							合格
避雷							合格
其他							合格

7. 验收结论

（1）工程按设计图和合同范围内的各项目已全部完成。

（2）工程实体质量符合设计要求和相关施工质量验收标准，观感上保留了原风貌状态，符合古建筑修复原则。

（3）倾斜和沉降观测在正常范围内，安全功能和使用功能满足相关要求。

（4）预验收中提出的问题和需完善的意见4条，已得到有效整改，监理复核通过。

（5）工程资料、影像资料齐全。

（6）本工程质量等级暂评定为合格，5年内施工方承担屋面漏雨保修责任。

（7）已具备竣工条件，同意申报竣工验收。

维修工程大事记

（1954～2014年）

1954年

瑞光塔距清同治十一年维修后，已失修100余年，残损日甚。为防倾圮，江苏省文管会对底层壸门、佛龛砌砖加固，长期封闭。

1963年

安装避雷针，对全塔作调查测绘，在塔内发现佛像和铭文砖。

1978年4月

在第三层塔心内发现真珠舍利宝幢等一批晚唐、五代和北宋时期的佛教珍贵文物，现存苏州博物馆。

1978年7月

征地建围墙，划定绝对保护区。

1979年7月

向省文物局报告，申请瑞光塔维修经费。先行修补塔顶和破壁，排除险情，并砌筑院墙保护，同时进行详细测绘，延请专家研究，反复论正，确定重修设计方案。

1979年9月

召开整修瑞光塔第一次会议，故宫博物院傅连兴、省文管会戚德耀、市宣传部陈重等出席。

1979年11～12月

完成抢修补漏工程，内容包括填孔补漏、调整瓦垄瓦件；支撑墙体；修补坍塌矮墙；拨正榫位；挖深槽，探索塔座及副阶情况；测绘全塔。

1980～1986年

调查测绘，研究确定重修设计方案。

1987～1990年

全面修葺塔顶、腰檐、平座、楼面、基台须弥座，恢复塔刹、副阶、扶梯。

1990年5月

通过竣工验收。

2010年5月

管理人员发现塔顶严重漏雨，经勘察是塔顶刹座下覆钵形砌体下沉开裂所致，塔顶及六、七层木结构存在较为严重的安全隐患。

2011年

苏州市文保所委托苏州计成文物建筑研究设计院有限公司编制了《苏州市瑞光塔抢救性维修方案》，并上报国家文物局审核。

2012年12月

《苏州市瑞光塔抢救性维修方案》通过国家文物局审核。

2013年9月26日

瑞光塔维修工程正式启动，开始进行施工场地布置、搭设围护。

2013年10月13日

施工单位开始对塔刹进行监测。

2013年10月21日

脚手架专项施工方案通过专家论证开始搭设。

2013年11月15日

脚手架搭设完成。

2013年12月6日

塔顶屋面拆除，发现隐蔽部位险情比前期勘察发现严重，设计、施工、监理各方根据实际情况讨论深化调整原维修方案以及施工技术方案。

2013年12月11日

市文物局组织对塔顶维修加固调整方案及施工方案进行论证，建设、监理、设计、施工及文物专家多方人员参加会议，会议通过了维修加固调整方案及施工方案，并提出了多项优化措施，明确了下一步维修技术要求。

2014年1月2日

对塔刹进行纠偏。

2014年1月6日

塔顶木构架修缮完成，监理方组织建设、设计、施工及文物专家等多方人员对加固木构架进行分项工程验收，确定下一步屋面铺设施工要点和步骤。

2014年2月14日

开始对塔身各层腰檐屋面进行清理修缮。

2014年3月6日

防雷工程开始启动，先进行塔身引下线敷设。

2014年3月21日

塔顶屋面开始砌筑戗脊。

2014年3月23日

塔刹覆钵下原砼板处完善防水构造，增加滴水构造，增设不锈钢套筒，套筒外部进行砌体施工。

2014年3月24日

塔身各层腰檐屋面开始进行维修。

2014年4月16日

监理方组织建设、设计、施工及文物专家等多方人员对塔顶屋面工程进行分部验收。

2014年4月20日

塔体顶层脚手架开始拆除。

2014年5月18日

防雷工程完工，开始清理塔内壁电线。

2014年5月20日

开始进行环境整治工程，包括场地修整、绿化工程、亮化工程等等。

2014年5月21日

建设、监理、设计、施工单位相关人员对已完成的单位工程进行竣工前自检，提出完善整改要求。

2014年5月25日

脚手架拆除全部完成。

2014年5月30日

完成最后一次监测数据采集工作。

2014年5月30日

瑞光塔维修工程通过竣工预验收。

参考文献

古籍

北宋《吴地记后集》

北宋《吴郡图经续记》

南宋《吴郡志》

元《四库总目提要》

明洪武 《苏州府志》

明正德《姑苏志》

明崇祯 《吴县志》

清《百城烟水》

同治《苏州府志》

民国《吴县志》

明文徵明《瑞光寺兴修记》

明姚希孟《修瑞光塔疏》

专著

刘敦桢《刘敦桢文集》第三卷，中国建筑工业出版社，2007年。

梁思成《梁思成全集》第二卷，中国建筑工业出版社，2001年。

梁思成《梁思成全集》第七卷，中国建筑工业出版社，2001年。

张驭寰《中国塔》，山西人民出版社，2001年。

罗哲文《中国古塔》，中国青年出版社，1985年。

刘策《中国古塔》，宁夏人民出版社，1981年。

江苏省文物管理委员会编《江苏之塔》，江苏人民出版社，1957年。

中国科学院自然科学史研究所编《中国古代建筑技术史》，科学技术出版社，1985年。

陈嵘《苏州云岩寺塔维修加固工程报告》，文物出版社，2008年。

常青《中国古塔的艺术历程》，陕西人民出版社，1998年。

张樨山《苏州风物志》，江苏人民出版社，1982年。

期刊论文

张步骞《苏州瑞光塔》，《文物》1965年第10期。

戚德耀、朱光亚《光塔及其复原设计》，《南京工学院学报》1981年第2期。

戚德耀《苏州瑞光塔勘察概况》，《南京博物院》1982年第4期。

李玉珉《中国早期佛塔探源》，《故宫学术季刊》1984年第6卷（3）。

孙机《关于中国早期高层佛塔造型的渊源问题》，《中国历史博物馆馆刊》1984年第6期。

黄滋、章忠民《常熟聚沙塔维修设计谈》，《东南文化》1997年第3期。

黄滋《江浙宋塔中的木构技术》，《古建园林技术》1991年第3期。

苏州文管会苏州博物馆《苏州市瑞光塔发现一批五代北宋文物》，《文物》1979年第11期。

许鸣岐《瑞光塔古经纸的研究》，《文物》1979年第11期。

凤光莹《瑞光塔重修纪略》，《苏州文物》1989年第1、2期合刊。

姚世英《千年古塔中的密藏》，《苏州文物》1989年第1、2期合刊。

学位论文

武蔚《塔之探源》，同济大学建筑与城市规划学院，1996年。

闫爱宾《宝箧印塔（金涂塔）及相关研究》，同济大学建筑与城市规划学院，2002年。

傅岩《江南宋塔研究》，同济大学建筑与城市规划学院，2004年。

许若菲《苏州瑞光塔修缮工程研究（1979～1991）》，东南大学建筑学院，2010年。

陈玉凯《五代末至北宋苏杭砖身木檐塔的特征研究》，中国美术学院，2014年。

附 录

一　1979~1985年整修瑞光塔会议纪要

（一）第一次整修会议纪要

　　1979年9月20日上午，苏州市文化局和文物管理委员会在虎丘冷香阁召开了整修瑞光塔第一次会议。应邀出席的同志有故宫博物院傅连兴，省文管会戚德耀，市委宣传部陈重，建筑设计院毛心一，园林管理处乐进、朱鸣泉、陆文安、周峥，房管局邹官伍，建筑公司柳和生，文化局段东战、王仁宇，文管会刘冠时、陈恩冠、郑莉莉、王嘉明、钱勤学，共十余人。

　　大家各抒己见，发言热烈。现将发言内容综述如下。

　　第一，瑞光塔是座北宋古塔，建造年代在苏州诸塔中仅次于虎丘云岩寺塔。塔的造型优美，别具风格。塔身砖造，八角七层，外施木制平座腰檐；第一层四面辟门，第二、三层八面辟门，第四层以上又四面辟门，并逐渐变换门的位置；塔中一至五层为八角形砖砌塔心柱，自第六层开始改用木结构。这些特点集中于一塔的在苏州是个孤例，很有研究价值。国家文物事业管理局领导同志对此塔很重视，1977年就叮嘱要认真保护，进行整修，并认可与盘门等处古迹连成一片，不断增修、绿化，建成游览区。自从1978年4月塔内发现珍贵文物后，引起文物考古界和各方面的关注，瑞光塔的地位显著提高。

　　省文物局领导同志认为瑞光塔不但本身是文物，而且还是文物宝库，在塔内很可能还有珍贵文物，希望结合修塔进一步清理文物。在座谈中，大家一致认为，瑞光塔是苏州一宝，一定要保护好，决不能让它自然倒塌，需及时抢修。

　　第二，瑞光塔最后一次大修年代，据史料记载是清同治十一年（1872年），距今已一百零七年。目前，塔身残破不堪。主要危险有二：一是塔顶漏洞不断扩大、增多。受雨雪灌注、侵蚀，严重威胁塔的安全；二是第四层外壁已发生轻微鼓肚，这是崩塌的迹象。这些仅仅是在地面所观察到的险情，如果登塔检查，还可能发现其他险情。因此，大家一致的意见，排险补漏是当务之急。目前，应迅速补好漏洞，排除险情，维持到大修时不漏不塌，确保安全。

　　第三，瑞光塔如何大修？是整旧如旧保持现状，还是整旧如新恢复原状？大家认为瑞光塔和虎丘塔、灵岩塔情况不同，塔身比较完整，还有残破腰檐，应该恢复原状。恢复到什么程度，要测绘后再研究。

　　第四，修理文物，不仅要着眼于保护文物，还应放眼于发挥文物的作用。所以修理瑞光塔要和发展旅游事业结合起来通盘考虑。大家认为塔周围的环境要很好保护，修塔的同时要搞好盘门三景的小区规划，希望城建部门密切配合。

第五，谈到瑞光塔排险补漏的进程时，认为必须突出一个"抢"字，要抓紧时间，拿出干劲。大家希望立即调查，能在十月份制订出排险补漏的方案，做出概算，及时上报省文物局、国家文物局，申请经费，争取年内搭好脚手架，早日开工，最好是在今冬明春雨季到来之前抢修完毕。在抢修的同时，对塔进行详细测绘，制定全面修塔方案，做好备料工作，以便和塔的大修工作紧密衔接。

第六，大家还讨论了修塔的领导问题，认为修好瑞光塔要争取有关领导部门的重视，尤其希望市革会加强对修塔工作的领导，也希望有关部门大力支持。关于修塔领导机构。大家认为不必另设，可由虎丘塔修塔领导小组兼管，下设瑞光塔修塔办公室即可。

（苏州市文物管理委员会整理，1979年9月25日）

（二）第二次整修会议纪要

1980年10月9日，苏州市修塔领导组在文化局会议室召开了整修瑞光塔第二次会议。出席会议的有朱维中（市革委副主任）、谢孝思（市政协副主席）、潘谷西（南京工学院建筑工程系主任）、朱光亚（南京工学院研究生）、蔡述传（省文化局文物处）、戚德跃（省文管会）、段东战（市文化局副局长、修塔领导组）、王言（市文化局顾问）、陈重（市委宣传部）、何聿才、黄尧志（市建委）、俞纯方、顾仁德（市城建规划处）、朱鸣泉、姚伯荪、李桂珍（市园林管理处）、王仁宇（市文化局）、郎启盛（苏州报社）、唐星赓、陆觉（市建筑设计院）、陆景明、周永生（古典园林建筑公司）、张英霖（苏州博物馆馆长）、刘冠时（市文管会副主席）、陈恩冠、柳和生、邹官伍（市修塔领导小组办公室、修塔工程师指挥部）、王德庆、郑莉莉、钱勤学（市文管会）等。

会议由段东战同志主持。上午戚德跃同志介绍了塔的现状；潘谷西、朱光亚两同志就塔的复原设计方案作了说明，张英霖同志谈了瑞光塔修复后的利用问题。然后全体与会人员到瑞光塔进行了实地察看。下午，大家就复原设计方案认真地发表了意见，并展开了讨论。现将发言内容综述如下。

第一，对整修原则取得了基本一致的看法。大家赞成，在保留宋代遗物的基础上，尽可能根据《营造法式》恢复塔的统一的宋代风格。但根据整修古建筑的原则，认为对这座历经修缮的宋塔应采取历史唯物主义的态度，把恢复原状与保持现状结合起来，亦即恢复宋代的原状又保持经过历次重修的现状，只有这样才能保持和提高塔的文物价值。具体地说，是在外形上恢复原状，诸如按宋式复原业已残毁的各层腰檐，平座和底层穿廊，将陡峻的清式塔顶改为平缓的宋式塔顶，参照塔内发现的珍珠舍利宝幢和江南塔实物复原塔刹等；对内部结构则保持现状，尽量保存历次重修遗留下来的合理可用的结构。设计方案提出拆除第六、七层的木结构，将九根木柱改为一根钢筋混凝土管柱，塔顶抬梁式屋架改为木桁架，对此大家认为必须慎重对待，不要更动为好。

第二，对塔的加固提出了一些意见。大家认为，只要确保安全，并且隐而不露，可以采用现代材料和技术进行加固。在目前木材短缺的情况下，更需要用钢筋混凝土等材料代替。但是，有些同志对使用钢筋混凝土加固表示担心，主要因为担心这种材料会出现以下几点问题。1．容易因钢筋生锈膨胀而开裂、剥落，其使用寿命还比不上经过防腐处理的木材；2．与木材不容易结合好；3．将来修缮时难以更换构件；4．比重比木材大，将会使塔身增加负荷，抬高重心，因而加重倾斜，使安全受到影响。有的同志建议使用型钢、铝合金等材料取代钢筋混凝土做圈梁、挑梁等加固构件。斗栱也以不用钢筋混凝土为宜，应尽可能保留木制原物，已残缺的仍用木材按原有形制修补，已腐朽的可以考虑用化学方法加固。

第三，对塔身倾斜的问题，大家希望吸取整修虎丘塔的经验教训，及早进行测量监测和地质勘探，如继续倾斜则须采取措施加固地基。

第四，对塔修复后的利用问题，大家认为没有必要恢复瑞光寺，也不宜建成一般的园林。同意在塔的四周辟出一定范围，把经过调查研究已经难以就地保护的古建筑移建到这里。不过，移建必须按一定的布局周密规划，精心设计，使不同时代、不同类型的古建筑组成一片协调统一的古建筑群。在这里可以系统陈列苏州古代建筑的模型、图片、历史资料、彩绘、雕刻、装修、构件、材料、著名匠师的事迹等，使之成为一个内容丰富、生动形象、富有特色的古建筑博物馆。有的同志说，苏州保存的宋代文物比南宋京城杭州还多，建于宋代的塔殿建筑，瑞光塔和虎丘塔发现的文物都是祖国的瑰宝，有条件把这里办成宋代江南文物研究中心之一。大家希望城市规划、文物、园林等部门互相配合，早日拟定这样的规划，并提请人代会通过和省、市主管部门批准，以付诸实施。在进行规划时，宋代《平江图》中瑞光塔和盘门一带的布局可供参照。

第五，对复原设计方案，与会同志希望广泛征求各方面意见，技术问题要认真仔细研究，集思广益，力求完美，以确保整修质量。

（苏州市文物管理委员会整理，1980年10月20日）

（三）第三次整修会议纪要

苏州市文物管理委员会于1982年11月10日在建委会议室召开了整修瑞光塔的第三次会议，出席会议的有潘谷西（南京工学院建筑工程系主任）、朱光亚（南京工学院研究生）、蔡述传（省文化局文物处）、戚德跃（省文管会）、傅连兴（故宫博物院）、顾红良（市政府）、秦文艺（建委）、邱协根（市文化局）、唐星赓、柳和生、邹官伍（市修塔领导小组办公室、修塔工程师指挥部）、郑莉莉等。

会议由秦文艺同志主持，首先由潘谷西教授介绍了瑞光塔与南工的渊源以及此次维修的原则，再由朱光亚对维修方案进行了介绍。主要有以下几点。

1. 瑞光塔的修复按照宋式风格设计；
2. 计划用钢筋混泥土加砖的方法加固塔身；
3. 根据对江浙地区宋塔的考察借鉴，瑞光塔的戗角应该是不起翘的；
4. 塔刹采用铜制；
5. 断面采用钢筋混凝土加固，斗栱用木质，底柱用混凝土预制件包木壳；
6. 用木式油漆做涂料，墙面红色，木柱土红色；
7. 塔身倾斜2度，需对瑞光塔塔地质结构进行深入研究。

省文物局戚德跃同志提出瑞光塔恢复有依据的按依据来，无依据的按宋代建筑风格设计，并认可塔体色彩，不同意围廊天花采用人字架、天花架。柳和生同志指出从瑞光塔残状无法判断是否有起翘，塔身倾斜可能与西南壁所嵌大石碑有关，建议迁碑以保持地面承重平衡。塔顶木结构木料尚新，估计为清代实物。毛心一同志指出用钢筋混凝土加固塔体，尽管采用木色油漆，但终不如砖砌合适，令人有隔代感，影响传统建筑风貌，要突出南北建筑风格不同，色彩宜采用传统的荸荠色。傅连兴同志指出可用钢筋混凝土加固，但不宜大量使用，瑞光塔应以文物标准来修复。邹官伍同志指出希望文物部门为此次维修做明确指示是按仿宋风格修复还是维修现状（仅修塔顶与严重破损处），基础加固方法需根据塔身荷载量因地制宜确定。

会议要求设计单位对专家意见进行研究与总结，按照会议精神完善维修方案。

（苏州市文物管理委员会办公室，1982年11月10日）

（四）第四次整修会议纪要

苏州市文物管理委员会于1985年11月7日下午在文化局会议室召开了整修瑞光塔的第四次会议，听取经过修改后的《整修瑞光塔设计方案》汇报，并进行了座谈。出席会议的有副市长、文管会主任周太炎，市政协主席、原市长方明，政协副主席、原副市长施建农，市委宣传部副部长、文管会副主席张泽明，文化局副局长徐洪祥和市人大常委会、市政办公室、市政协文物组、纪念苏州建城两千五百年办公室、园林局、城建局规划处、市博物馆代表以及修塔办公室工作人员二十多人。

会议由市文管会副主任邱协耕同志主持。他首先简要地介绍了瑞光塔的历史和近几年来的工作情况。而后，由方案的主要设计者、南京工学院建筑系朱光亚老师，根据文化部文物局今年3月20日函复精神，对原设计方案的修改情况作了介绍。主要包括以下几点。

1. 各层塔角的上翘角度，由原方案的趋于平缓修改成了略向上翘起；
2. 塔顶盖仍保持明清时期整修后的现状不再改动；
3. 相轮塔刹修改得比较高大，与塔顶盖的大小相协调；
4. 在各层戗脊尾部都设置了蹲兽，体现宋代风格。

根据上述介绍，大家在座谈中认为：

第一，瑞光塔是建筑史上由木构、砖构向砖木混合结构过渡的典型，造型精美，风格特异。塔上保留北宋创造时的构件较多，为研究江南古塔提供了重要实物。因此，整修瑞光塔的意义十分重要，必须引起我们各方的重视。

第二，一致同意修改后的方案，即把恢复原状和保持现状结合起来。塔的底层至五层砖砌体和各层木构件，基本上保持了宋代风格，应尽量恢复原状；上两层和塔顶盖已经明清时期修过，则按现状整修，是符合"整旧如旧"的要求的。过去分歧较大的屋檐角平翘的问题，现方案既考虑到北宋的风格，又照顾到苏州地方特点，体现了两者的结合。

第三，是否加固塔基？从过去对地基的探测来看，地基上层较为密实，无滑坡可能，不必像虎丘塔那样要求加固；但由于塔体已向南偏东倾斜1.49米，修塔时预计还得增加约40吨的负荷，为慎重计，应做必要的塔基加固，如何加固，要等对塔体检测一段时间后再研究决定。

最后，周市长综合大家的意见，在发言中明确对瑞光塔应该是现基础上的重修，并强调：一是经过修改后的现方案，体现了前几次会议中的大部分意见，同时又根据文化部文物局的意见进行修改的，在这次会上得到肯定，希望以此方案上报，当然在施工实践中，可能会出现这样或那样的问题，可以边研究边解决；二是如经省和中央文化部门批准后即行实施，不应再延误时间；三是地基可以不加固，但塔基一定要加固；四是要抓紧时间，周密计划，做到一面上报方案，同时抓紧施工设计、塔体监测和材料、施工队伍的组织等准备工作。

（苏州市文物管理委员会办公室，1985年11月8日）

二 1979～1990年整修瑞光塔工程简报

（一）1979年抢修工程简报

苏州瑞光塔位于城西南盘门内。寺的殿宇早圮，仅存一塔，是七级八面底层统匝副阶（外廊）的砖木混合楼阁式塔，高为39.55米（自原建塔时地面至塔顶覆钵面）。始建于北宋，历经多次修缮，但基本结构和大部分构体尚保存宋塔特点和风格。它是木塔、砖塔演变为砖木混合楼阁式塔过程中的重要实例，可以代表江浙一带宋代建筑技术和艺术的发展水平，对研究南方古建筑史有很高的参考价值。

塔因年久失修，残破现象日趋严重，塔座被浮土深埋。腰檐、平座、斗栱等构件脱落严重，残壁面扩大，塔刹木断落，屋面破损，严重漏水，而且出现塔身向东北倾斜，威胁着塔的牢固，因此急需修理。经报省、市有关单位并上报国家文物局，经同意拨款3万元进行了抢修及大修前的准备工作。

对此，我们根据以往该塔的资料和损坏现状提出了初步意见，并召开了有关领导同志和专业人员参加的座谈会，征求抢修和以后大修的意见，制订出抢修工程计划和大修复原的大概步骤。

1．抢修工程原则与施工情况

调查了该塔的残缺现状。根据国务院发布的《文物保护管理暂行条例》及各级领导的指示精神，以严格遵循保持现状、急需抢修、勤俭节约的原则，对严重损坏部分在不影响以后大修的前提下采取临时性加固措施，要求达到技术上的安装、拆除两便；对马上有坠落危险的构件，在做好记录后进行排险、拆移，并将原构件暂存塔内。

根据以上精神，这次进行了共六个方面的工作。自11月初开始，在一个月内完成，达到了预计的要求。用掉工料费、征用修建场地费共计人民币4800元（所余资金2.52万元，转为大修时备料经费）。工作内容如下。

（1）填孔补漏，调整瓦位。

（2）支撑已穿孔的壁体。

（3）拆除外倾得厉害而随时有塌落可能的矮墙。

（4）调整一些已脱榫移位、随时可能坠落的砖木构件，使其修复原位。

（5）挖深槽，探索被浮土埋没的塔座和副阶情况。

（6）在施工的同时对塔进行一次全面测绘，为大修提供实测图。

2．大修的打算与工作步骤

按照恢复原状的要求，粗略估计其工作步骤可暂分准备、设计、施工和结束四个阶段。

（1）准备阶段

①组织修塔领导小组，设立修塔办公室，贯彻维修文物政策，筹划修塔准备工作，实际领导全部维修工程。

②整理现状实测图，提出调查报告，拟请南京工学院建筑系负责复原设计。

③召开有关专业人员与群众会议，听取修塔意见。

④制定修塔概算，申请经费和用材。

⑤预制砖、瓦件。

⑥为解决施工场地和建筑塔院，需征用三亩土地。

⑦对塔进行全面检查，订出具体施工计划。

（2）设计阶段

绘制施工详图，制定经济预算，采购修塔材料，落实施工人员。

（3）施工阶段

结合施工进程，抓好对施工人员的文物政策教育，积极做好后勤工作，保证工程如期完工。同时做好施工过程中的文物保护和材料保管工作。

（4）结束阶段

做好施工总结及文物资料工作的总结和必要的扫尾工作。

（二）1982年维修工程简报

瑞光塔系省级文物保护单位，是我市主要的文物古迹。此塔位于盘门风景区，塔身造型古朴挺拔，是该风景区主要观赏点。瑞光塔建于北宋大中祥符二年（1009年），在近千年的历史中已经过十多次大修，最后一次大修为清代同治十一年（1872年），距今已有一百一十年。目前，塔身砖结构基本完整，但塔刹、腰檐、平座大多已经毁坏，外观破损不堪。塔身倾斜为1.49米，有碍市容。1978年于塔内发现真珠舍利宝幢等北宋珍贵文物，该塔再度引起各界人士的重视。经调查测绘，塔身内部仍保留大量建筑构件，底下三层还基本属于宋代遗物，证明此塔有着较高的文物价值，其全面维修问题提到了议事日程上。

1978年9月召开了第一次专业人员座谈会讨论修塔事宜，会后做了以下几项工作。

（1）对瑞光塔抢修防险，修补塔顶几处漏洞，防止因渗水促使木构件腐烂；

（2）对塔进行初步测绘，弄清了塔的基本情况，取得有关数据，为全面大修作了准备；

（3）委托南京工学院潘谷西，按"恢复原样"的原则进行修塔方案设计；

（4）在塔的周围征用了部分土地。

1980年10月召开第二次座谈会，听取南京工学院潘谷西、朱光亚介绍、设计方案，并就此进行了座谈。接着又采用书信和走访等形式，征求南京工学院、国家文物局、国家文物研究所、清华大学、同济大学等部门有关专家的意见，大家对潘教授的设计方案，原则上都表示赞同，但提出了一些积极的补充意见。之后南京工学院根据大家的意见进行了局部修改，并委托上海水利工程队对瑞光塔的地层进行钻探，搞清了地基情况。由于经费、材料等诸方面未能跟上，修塔工程停顿下来。

1982年施市长两次召集会议进行研究，认为瑞光塔的维修工作应该继续进行下去，维修设计工作仍请南工负责。1月10日，我们邀请南京工学院潘谷西、朱光亚、省文化局蔡述传、省文管会戚德耀同志等来苏磋商研究修塔事宜。上午召开了第三次座谈会，再次听取有关人员对修塔方案的意见，但对于各层腰檐戗角形式争议较大。塔的腰檐早已朽腐，檐角发戗形式已无直接根据可寻，设计方案是根据大量的调查资料，设计得较平缓以保持宋代型式；但另一种意见认为檐角应起翘，这是南方的习惯形式，是苏州的地方风格。所以对塔身外形问题争议至今未能得到统一意见。根据上午会议决定，下午召开小型会议具体讨论落实，与会者包括省文化局、省文管会、南京工学院同志，还有市政府顾秘书长、市文化局邱副局长和文管会办公室的同志。讨论认为：

第一，首先组织力量进行地基加固工程。

第二，关于腰檐戗角形式争论的两种意见都有道理，但都不是直接依据，《方案》是根据宋代《营造法式》，以及南方宋代一些石塔、铁塔的塔形为依据；后者是根据南方明清以来的习惯手法。会议认为现在不能再停留在学术讨论上，需要的是修塔，所以两者只能决定其一。会议认为苏州是个文化历史名城，是在宋平江城的基础上发展起来的，全市现存的七座宝塔，外檐大致修成明清的形式，而瑞光塔则内部宋代的结构保存较多，如能修成宋代平缓的腰檐，更能体现宋平江城的风貌。

第三，瑞光塔是苏州市的重要古迹，是省级文物保护单位，会议建议应请市政府提出意见上报省政府批准。

（三）1990年重修工程简报

苏州瑞光塔历史悠久，宝藏丰富，建造精美，有很高的历史文物和建筑价值，是江南宋代早期发展砖木混合结构楼阁式古塔比较成熟的典型。70年代在塔的天宫内又发现一批秘藏千年之久的文物珍品。1949年后被列为江苏省省级文物保护单位。1988年1月由国务院公布为全国重点文物保护单位。

1. 古塔概况

瑞光塔历史悠久，据史料记载，创建于三国时代，东吴赤乌四年（241年）建寺，十年建塔（247年），是苏州最早建造的一座塔，以后寺塔迭遭变故，屡有兴废盛衰。现在的瑞光塔是北宋景德元年（1004年）开始重建的。

瑞光塔原是一座造型优美、挺拔古朴、七级八面、高53米多的砖身木檐、砖木混合结构楼阁式佛塔，由外回廊、外壁、内回廊、塔心墩组成。顶有俊秀高耸的塔刹，外有宽大优美的腰檐和比较宽阔的平座。二、三、四层为砖涩露面，五层以上为木楼面。塔内各层均有木平棊天花、木扶梯。塔内、外全以木斗栱作为承托构件，全塔有斗栱400多攒和大量的木枋、木梁、木檐等。所用材栔较大，但绝大多数木构件都已塌落、腐朽和毁坏。瑞光塔底层原来还有一个很大的副阶，八边形对边为23米多，塔的基座则为一个近1米高的精致石雕须弥座，周长76米，原来上有青石锁口，中有弧线、束腰，底部雕有如意、椀花、走兽、人物。雕刻手法纯熟有力，未见全貌。这次重修才全面发掘出来。可惜的是八个面有三个面全遭破坏，其他多面损坏，风化也很严重。经考证，塔正东还有一个宽阔的月台和台阶。全塔建造精良。

由于屡遭兵火之灾，受损严重，又是长达一个多世纪的严重失修，这次重修前，塔的毁坏已极为严重，濒临坍塌。塔身倾斜1.2米，塔基有较多的不均匀沉降，高低差达到近200毫米，底层的壁体和倚柱裂缝丛生，塔身千疮百孔，各层壁体塌落甚多，各层腰檐及平座全部塌落，所剩未几的木构件亦已成朽木，不堪使用。塔内除二层楼面已断裂不能使用外，其他各层几乎全部毁坏塌落。木楼面、木扶梯、平棊天花全部无存，月梁、斗栱等木构件大部分残缺损坏，顶部塔刹早已无存，塔心木断裂，上段腐朽。各层都可见到火烧焦痕，不少木梁烧焦、烧断，甚至许多砖块也被烧红，可想当时被焚被毁之严重。底部副阶全毁，八边形石雕须弥座破坏风化严重，所有锁口青石、弧线石一块不剩。为防止坍塌，底层壸门（塔门）及佛龛已用砖砌填实，封闭已达半个多世纪。

2．重修工程简况

经苏州市政府、省文化厅、文管会和国家文物局批准对瑞光塔作复原重修和加固。

（1）这次重修加固的原则是按照文物维修原则，总体上按宋瑞光塔形式复原，并作加固。

①在尽量保留宋代遗物和宋代作法的前提下，将已经朽坏、坍塌不堪使用的部分按宋时面貌恢复；在无迹可寻之处，按宋《营造法式》和一些宋代建筑中的宋代作法复原；对历代曾进行过维修至今仍有保留价值的，则加固维修（如塔顶的塔心木及"群柱"木构架），以尊历史。

②为解除危险并从长久计，根据本次全面维修所需恢复增加重量，对塔基及其他危险部位和易损部分作必要的结构加固。

③结合整修对古塔作进一步的考古研究，对已损已朽而更换下来的残件，选择保留一部分作为今后研究和陈列的资料。

重修和复原委托南京工学院建筑系设计；结构加固工程方面则以苏州市修塔办公室与本市有关专家为主，作现场设计，以更符合对古塔加固的具体要求。施工是以苏州市文化局文物古建筑整修所为主，其他有关单位给予协作，由修塔办公室直接指导和具体组织实施。

（2）工程进度

在1989年内已基本上完成了市政府对瑞光塔本身的重修工程目标管理的具体要求，并在1989年10月以后，开始进行重建塔的副阶和全面修复石雕须弥座、月台及塔周围地面等工程。到年底前已完成副阶工程量的75%左右。具体情况如下。

第一，做了大量的前期准备。

①对塔基地质先后作过三次四项的勘察（A．大钻，深度40多米；B．静力触探，直接显示地耐力吨位；C．小钻，摸清地基全部情况；D．开挖塔基，作直接观察）。

②对塔体、塔顶、各部木构件等作全面检查并测绘。

③建立对塔体位移、沉降的观察测量点，

④在调查研究基础上，多次讨论论证选择有关修复、加固的方案和技术措施。

⑤前三通和备料等施工准备。

第二，施工步骤。

从1987年3月开始作施工准备，5~8月进行试做，以后大体分三个阶段施工。

第一阶段，1987年8月至1988年，一年多时间，主要以加固工程为主。本次重点加固主要有六个部位。

（1）塔的基础。采取扩大基础的技术措施，以稳定基础，控制不均匀沉降的发展，并为解决全面维修所恢复增加重量对塔基所需的荷载。

（2）恢复加固底层四个壶门（塔门）和十二个佛龛，以及底层砖结构，使封闭达半个多世纪的塔门重新开放，维修后成为苏州古塔中保持原貌最完整和造型最好的塔门。这是一项难度很大的工程。此次加固改变原设计以混凝土拱圈的技术，仍以砖结构为主的加固技术措施，既符合文物维修原则，又比较节约资金，缩短了工期。

（3）按原貌加固修复各层楼面，均按开放要求作了加固。

（4）各层内、外塔体均加了隐而不露的圈梁，保证塔体各层强度和修复增加荷载的要求。

（5）塔体各层平座（即外回廊）均按开放要求作了加固修复。

（6）塔顶层的"群柱"木构件和大陀（支承塔心木及塔刹的大梁）均作加固，并更换了塔心木已经腐朽的上半段。

第二阶段，1988年末至1989年10月，10个月时间，以对塔的各层复原整修为主。主要包括以下几项内容。

（1）大修塔顶，顶部木构全面大修加固，瓦件全部落地。

（2）重新铸造安装塔刹和刹杆，刹高为9米。刹件中顶部三件（日、月、葫芦）为铜铸外贴金（莫金），其他均为铁铸件。塔刹安装也是有相当难度的工程。

（3）重修恢复各层腰檐、平座，以及全部木构件。这是全部外貌的主要标志之一。

（4）重修塔内各层全部木平棊板、平棊枋、以及整修和补充大部分的月梁、斗栱等木构件。

（5）重修各层全部木扶梯，同时。对木构油色和外壁粉刷等。其中有些木构件还需待气侯稍暖后才能进行。

（6）重新安装避雷设施。

第三阶段，1989年10月以后，进行重建副阶工程和全面修复石雕须弥座、月台、地面等工程。比原计划提前进行，到年底前已完成副阶工程量的75%左右，预计到1990年4月左右可全部竣工。

3．注意到的几个问题

第一，这次瑞光塔重修，95%以上的木构件是重新制作安装，耗用木材（原木）600多立方米。仅发掘须弥座一项就出土近千立方米。塔总高度53.6米，脚架相当于18层楼房高度，又要在高空安装刹杆及塔刹刹件。尤其是对塔基的加固和底层恢复四个壶门（塔门），都是在塔体存在危险的情况下，又在塔的直接应力范围以内施工，施工过程中群策群力克服了许多困难。

第二，注意工程质量。严格选用材料，木构件都以较好的杉木为主，并全部作了防蛀、防腐处理，隐蔽工程都及时检查验收，木构件制作都按法式或残件原样。

第三，加强安全教育和管理，开工两年多来，至今没有发生过责任事故和安全事故，及时作了防范，发现问题。及早解决，防止了几次可能发生的事故。

第四，注意贯彻文物维修原则。施工中尽量压缩使用混凝土加固的范围，尽量采取用原来的砖结构和木构的加固，如底层壶门加固及塔壁加固、腰檐掌头木等，都改变了原设计采用混凝土的加固，改为仍用砖结构和木构件的加固技术措施。对必不可少的部位，做到隐而不露和防止后患。

同时，结合施工，对古塔进行了考证工作，并注意保护出土文物。对有铭文的砖、石钱币等都注意收集保护研究。对更换下来的一些木构残件有选择的保存，以作研究和陈列之用。

第五，在保证工程质量的前提下，注意节约。主要是通过改进设计和施工方案，选择效果相同又能节约资金的做法，如塔基加固工程，采取安全易行、节约的方案（与浙江松阳以塔的基础加固相比，至少节约资金10万元以上）。改变原设计方案中对老角梁采用不锈钢套的作法一项，就节约资金七八万元。塔刹制作和组织自己安装，至少节省4万元左右。在注意提高木材利用率方，脚手架采用自备材料单包工的办法，也节约了较多经费。

但是，也有一些浪费的方面，如有些材料质量不够好，降低了利用率；也有因设计图纸中有的误差，造成少数木构件返工改制，浪费了一些材料。

4．下一步打算

（1）急需保质量，抓好副阶工程和石雕须弥座、月台、地面的全面修复。

（2）做好资料工作，整理好施工资料和竣工图绘制，并将完整编写重修瑞光塔的资料。

（3）要抓好资金使用和工程决算。

附：1990年重修、局部复原工程初步验收报告

瑞光塔重修、局部复原工程，经过对塔的基础、塔身、各层楼面、平座、底层四个塔门、木构架等主要部位的加固，解除了古塔濒临坍塌的危险。在结构加固的基础上，对古塔进行了局部复原，恢复了各层腰檐、平座，重铸、安装了塔刹、刹杆，重建了副阶、月台；挖掘并修复了塔的石雕须弥座；修补了所有斗栱，梁枋、柱架等木构件均作了防蛀、防腐处理；设置了避雷及监测系统。

经过情况介绍、现场检查、审阅资料、讨论研究，验收意见如下。

（1）瑞光塔重修、局部复原工程，符合国家文物局审定批准的设计方案。结合施工中发生的实际情况对部分原设计作了合理修改。

（2）该工程符合文物维修原则，注意保护文物。结合施工对塔的历史进行了进一步发掘考证并取得一定成果。

（3）施工中注意材种、材质的选择，确保材料质量。13份报告26组混凝土试块全部合格，施工资料充足，工程质量优良，并节约了资金。

（4）施工中加强安全措施，自始至终未发生责任事故和工伤事故。

（5）二至三层平座外栏杆油漆脱皮剥落，固定立柱的铁件防腐蚀应重新作处理，修补。

经评定工程质量优良，同意验收。

三 2016年瑞光塔文物本体材料检测评估报告

2016年7月，受苏州市文物保护管理所委托，浙江大学文物保护材料实验室对瑞光塔本体材料现存状况进行了检测和评估。检测工作分为现场无损检测和实验室分析两个阶段进行，对塔身砖砌体风化程度和砖塔灰浆劣化程度两个方面进行了测评。同时，在现有技术手段和条件下，还尽可能地解析了部分传统材料的成分结构等。

瑞光塔文物本体材料的检测内容包括砖砌体、墙面、灰浆和金属等材料的强度、表面、水力学等性质以及成分和微结构等，检测项目和所用仪器见附表1。

附表1 瑞光塔文物本体材料检测主要项目及所用仪器方法

检测方法 ＼ 检测部位	砖砌体	塔内墙面	灰浆	金属构件	仪器型号
回弹强度	✓	✓			HT75
表面硬度	✓				EQUOTIP550硬度计
表面粗糙度	✓				Elco米eter224
微波湿度	✓	✓			米OIST 300B
动力贯入强度	✓		✓		SJY800B
超声波速	✓				HC-81
钢筋扫描				✓	HC-GY30
钢筋锈蚀				✓	HC-X5
热像拍照	✓	✓			Ther米o G120
水力学性质	✓		✓		称量法
扫描电镜			✓		Sirion-100
电子散射能谱	✓		✓		G3nesis 4000
X射线衍射	✓		✓		Ulti米a IV
化学分析			✓		五种有机添加物检测
纤维分析			✓		哈氏切片、微区红外
免疫检测		✓	✓		胶结物检测
颜料检测		✓			元素比分析

（一）塔体内部墙面砖砌体检测

1．内部墙面病害

现场调查发现，瑞光塔内部墙面砖块的主要病害有风化剥蚀、砖块断裂、泛盐等。

2．内部墙面现场检测

内部墙面现场检测内容包括回弹强度、表面粗糙度、表面硬度和不同深度的湿度分布。

（1）回弹强度检测

采用HT-225T一体式数显回弹仪对瑞光塔内部砖砌体墙面进行检测，初始56个面的检测结果详见附表2。

附表2　　　　　　　　　　　　　　　　瑞光塔砖砌体回弹强度表

层数	方位	回弹强度测量值										面平均值	层平均值
第一层	南	51	51	56	57	53	50	54	49	51	52	52.4	51.9
	西南	49	48	52	54	53	52	50	50	52	49	50.9	
	西	50	58	52	52	51	54	53	53	51	53	52.7	
	西北	56	53	49	49	50	55	54	51	53	50	52	
	北	51	52	57	55	49	50	52	55	54	56	53.1	
	东北	48	47	54	50	49	50	54	51	53	45	50.1	
	东	51	52	53	52	46	53	52	52	54	50	51.5	
	东南	54	56	51	54	53	53	50	54	50	49	52.4	
第二层	南	50	53	53	51	51	54	53	53	51	54	52.3	53.0
	西南	50	57	55	56	56	51	58	57	58	53	55.1	
	西	57	57	54	55	56	52	55	54	58	53	55.1	
	西北	54	56	57	50	54	56	53	57	51	56	54.4	
	北	49	52	47	49	54	53	51	47	48	52	50.2	
	东北	53	53	52	49	44	52	49	49	47	51	49.9	
	东	54	56	54	56	54	54	54	54	54	54	54.4	
	东南	53	55	49	51	51	54	54	52	52	53	52.4	
第三层	南	48	45	50	45	49	54	50	47	45	50	48.3	52.2
	西南	59	55	56	59	55	54	54	57	56	57	56.2	
	西	58	57	57	57	58	58	51	57	51	58	56.2	
	西北	46	55	48	48	52	54	49	45	46	55	49.8	
	北	52	51	56	46	51	54	51	49	55	52	51.7	
	东北	51	49	54	50	54	54	50	51	53	51	51.7	
	东	48	52	46	47	52	51	53	52	54	52	50.7	
	东南	55	55	54	50	50	55	55	53	46	55	52.8	

层数	方位	回弹强度测量值										面平均值	层平均值
第四层	南	49	44	44	52	55	50	54	48	55	55	50.6	51.7
	西南	56	55	57	50	56	44	46	57	54	57	53.2	
	西	44	49	44	54	52	46	49	44	48	48	47.8	
	西北	54	54	49	53	48	56	56	51	56	54	53.1	
	北	56	48	50	54	53	54	45	52	56	42	51	
	东北	55	54	57	49	57	54	50	52	50	48	52.6	
	东	52	51	56	51	49	44	55	51	50	50	50.9	
	东南	55	56	55	53	55	55	52	53	52	54	54	
第五层	南	55	54	46	44	54	49	48	57	55	56	51.8	49.2
	西南	32	31	33	29	36	36	28	33	31	37	32.6	
	西	56	57	58	50	51	54	52	55	51	53	53.7	
	西北	58	58	55	50	58	52	59	56	58	53	55.7	
	北	52	56	56	46	48	55	46	47	54	54	51.4	
	东北	38	49	46	48	46	50	45	44	50	50	46.6	
	东	50	44	51	46	54	50	55	51	50	47	49.8	
	东南	48	55	55	54	53	52	52	51	51	50	52.1	
第六层	南	29	32	32	40	50	44	55	50	54	51	43.7	47.3
	西南	50	51	54	50	49	52	51	54	50	52	51.3	
	西	54	54	47	54	49	56	54	51	49	46	51.4	
	西北	44	46	50	51	46	51	49	52	50	48	48.7	
	北	32	32	27	27	29	28	28	29	31	33	29.6	
	东北	52	46	49	49	44	53	53	47	47	45	48.5	
	东	51	53	54	52	46	48	53	56	51	55	51.9	
	东南	56	55	54	51	51	52	54	55	52	52	53.2	
第七层	南	33	28	33	29	31	27	30	28	27	33	29.9	37.8
	西南	38	31	35	28	26	25	37	30	31	25	30.6	
	西	45	47	44	42	39	33	38	38	43	43	41.2	
	西北	41	40	40	42	37	36	36	37	38	37	38.4	
	北	34	33	37	38	32	39	39	31	34	38	35.5	
	东北	45	50	53	47	55	58	44	51	46	44	49.3	
	东	35	34	44	37	43	40	41	39	44	44	40.1	
	东南	34	38	38	29	44	39	40	29	43	42	37.6	

根据现场检测结果，瑞光塔各层砖砌体的回弹强度测试值R的平均值如表所示。根据《建筑结构检测技术标准》（GB/T 50344-2004）和《回弹仪评定烧结普通砖强度等级的方法》（JC/T 796-2013）中换算公式：

$$f = 1.08R - 32.5$$

可以得到每层砖砌体的抗压强度f（MPa）；根据烧结多孔砖砌体弹性模量与抗压强度的经验公式：

$$E = 1039f$$

可得每层砖砌体的弹性模量E（GPa），详见附表3。

附表3　　　　　　　　　　　瑞光塔砖砌体抗压强度和弹性模量

层数	第一层	第二层	第三层	第四层	第五层	第六层	第七层
抗压强度 f （MPa）	23.6	24.7	23.9	23.3	20.6	18.6	8.3
弹性模量 E （GPa）	24.5	25.7	24.8	24.2	21.4	19.3	8.6

由附表3可以看出，瑞光塔第二层的抗压强度和弹性模量最高，瑞光塔第一层、第三层和第四层的数值相近且与第二层相差不大，第五层以上各层数值依次降低，到第七层数值最低。

通过计算瑞光塔内一层到七层八个朝向面的回弹强度平均值，可以发现塔体北面强度较低而西面强度较高。具体数值详见附表4。

附表4　　　　　　　　瑞光塔砖砌体不同朝向面回弹强度平均值

方位	南	西南	西	西北	北	东北	东	东南
回弹强度平均值R	47.00	47.13	51.16	50.30	46.07	49.81	49.9	50.64

（2）　表面粗糙度检测

对第一层到第七层各个朝向进行检测，检测结果详见附表5。

附表5　　　　　　　　　　　瑞光塔砖砌体表面粗糙度

层数	方位	表面粗糙度检测值（μm）					平均值	层平均值
第 一 层	南	301.0	231.0	279.0	249.0	215.0	255.0	271.0
	西南	231.0	286.0	277.0	247.0	229.0	254.0	
	西	259.0	244.0	241.0	263.0	245.0	250.4	
	西北	265.0	233.0	282.0	208.0	255.0	248.6	
	北	248.0	332.0	344.0	311.0	249.0	296.0	
	东北	277.0	225.0	212.0	290.0	244.0	249.6	
	东	328.0	343.0	314.0	294.0	268.0	309.4	
	东南	317.0	308.0	259.0	298.0	342.0	304.8	

层数	方位	表面粗糙度检测值（μm）					平均值	层平均值
第二层	南	295.0	263.0	376.0	343.0	330.0	321.4	288.2
	西南	366.0	323.0	334.0	298.0	295.0	323.0	
	西	216.0	269.0	261.0	220.0	218.0	236.8	
	西北	299.0	444.0	373.0	316.0	337.0	353.8	
	北	203.0	245.0	212.0	230.0	231.0	224.0	
	东北	336.0	413.0	286.0	423.0	243.0	340.2	
	东	348.0	351.0	282.0	267.0	347.0	319.0	
	东南	170.0	211.0	232.0	165.0	159.0	187.4	
第三层	南	261.0	309.0	318.0	257.0	313.0	291.6	280.9
	西南	348.0	239.0	232.0	308.0	342.0	293.8	
	西	355.0	302.0	332.0	301.0	307.0	319.4	
	西北	364.0	321.0	267.0	297.0	332.0	316.2	
	北	201.0	234.0	240.0	273.0	247.0	239.0	
	东北	282.0	255.0	289.0	251.0	240.0	263.4	
	东	293.0	277.0	281.1	267.0	248.0	273.2	
	东南	248.0	263.0	242.0	252.0	247.0	250.4	
第四层	南	331.0	308.0	316.0	321.0	334.0	322.0	303.7
	西南	277.0	258.0	284.0	306.1	301.0	285.2	
	西	276.0	272.0	287.0	278.0	247.0	272.0	
	西北	294.0	306.0	268.0	346.0	308.0	304.4	
	北	256.0	218.0	297.0	265.0	232.0	253.6	
	东北	440.0	402.0	357.0	441.0	345.0	397.0	
	东	217.0	264.0	262.0	387.0	214.0	268.8	
	东南	283.0	244.0	442.0	351.0	314.0	326.8	
第五层	南	214.0	224.0	222.0	206.0	210.0	215.2	267.6
	西南	257.0	266.0	231.0	246.0	245.0	249.0	
	西	245.0	294.0	284.0	306.0	328.0	291.4	
	西北	303.0	292.0	296.0	277.0	310.0	295.6	
	北	247.0	240.0	209.0	274.0	226.0	239.2	
	东北	310.0	312.0	316.0	327.0	334.0	319.8	
	东	211.0	243.0	237.0	253.0	232.0	235.2	
	东南	263.0	310.0	268.0	287.0	348.0	295.2	

层数	方位	表面粗糙度检测值（μm）					平均值	层平均值
第六层	南	238.0	214.0	226.0	193.0	226.0	218.8	283.9
	西南	235.0	206.0	223.0	252.0	239.0	231.8	
	西	237.0	252.0	285.0	313.0	309.0	279.2	
	西北	334.0	394.0	432.0	324.0	453.0	387.4	
	北	371.0	313.0	337.0	319.0	357.0	339.4	
	东北	327.0	259.0	273.0	328.0	257.0	288.8	
	东	303.0	322.0	262.0	276.0	295.0	291.6	
	东南	247.0	265.0	206.0	239.0	216.0	234.4	
第七层	南	342.0	258.0	285.0	365.0	306.0	311.2	303.1
	西南	363.0	354.0	379.0	402.0	390.0	377.6	
	西	233.0	209.0	244.0	256.0	275.0	243.4	
	西北	305.0	328.0	339.0	349.0	320.0	328.2	
	北	283.0	250.0	232.0	295.0	316.0	275.2	
	东北	259.0	313.0	325.0	279.0	310.0	297.2	
	东	360.0	308.5	175.0	240.0	201.0	256.8	
	东南	298.0	427.0	345.0	263.0	341.0	334.8	

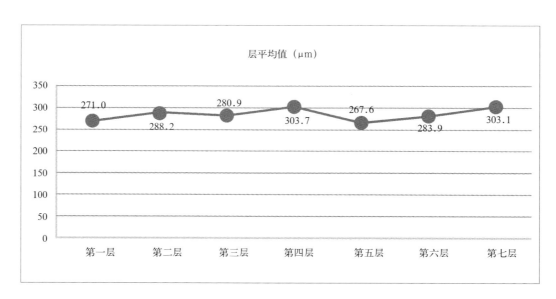

附图1　瑞光塔不同塔层粗糙度变化趋势图

从附表5和附图1可以看出，塔体各层粗糙度较为接近，在265.0～305.0的区间内。其中第四层和第七层粗糙度较大，超过300.0，而第五层粗糙度则较低，低于270.0。值得注意的是第七层，粗糙度较大，同时回弹强度也最低。

附表6			瑞光塔砖砌体各朝向面的粗糙度				单位：μm	
	第一层	第二层	第三层	第四层	第五层	第六层	第七层	面平均值
南	255.0	321.4	291.6	322.0	215.2	218.8	311.2	276.5
西南	254.0	323.0	293.8	285.2	249.0	231.8	377.6	287.8
西	250.4	236.8	319.4	272.0	291.4	279.2	243.4	270.4
西北	248.6	353.8	316.2	304.4	295.6	387.4	328.2	319.2
北	296.0	224.0	239.0	253.6	239.2	339.4	275.2	266.6
东北	249.6	340.2	263.4	397.0	319.8	288.8	297.2	308.0
东	309.4	319.0	273.2	268.8	235.2	291.6	256.8	279.1
东南	304.8	187.4	250.4	326.8	295.2	234.4	334.8	276.3

由附表6、附图2可以发现各面粗糙度较为接近，西北面和东北面粗糙度较高，而北面粗糙度较低。

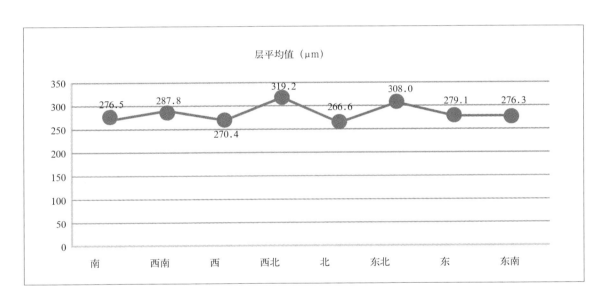

附图2　瑞光塔不同朝向面粗糙度变化趋势图

（3）砖砌体微波湿度检测

对内部墙面砖砌体作湿度检测，由于现场条件限制，第一至五层只检测11厘米深度的湿度。考虑到标准的统一，各层平均值均只取11厘米深度数据平均值。

瑞光塔内部墙面的微波湿度检测数据见附表7。由检测数据可以看出，瑞光塔内部各层的检测结果数值比较相近，除第六层相差较大外，其他基本没有大的湿度波动，说明塔内环境条件变化不大。

附表7　　　　　　　　　瑞光塔内部砖砌体微波湿度数据表　　　　　　单位：%

层数	方位\深度	3厘米	7厘米	11厘米	层平均值	层数	方位\深度	3厘米	7厘米	11厘米	层平均值
第一层	东	–	–	9.9	9.9	第四层	西	–	–	11.6	11.5
	东南	–	–	12.1			西北	–	–	14.3	
	南	–	–	11.7			北	–	–	11.4	
	西南	–	–	8.4			东北	–	–	12.9	
	西	–	–	11.3		第五层	东	20.4	12.4	10.6	10.6
	西北	–	–	12.1			东南	17.9	9	10.3	
	北	–	–	10.6			南	18.2	13.3	11.1	
	东北	–	–	12.8			西南	21.5	9	12.5	
第二层	东	–	–	11.7	11.7		西	18.5	7.9	11.2	
	东南	–	–	12.6			西北	22.1	9	12	
	南	–	–	12.5			北	21	17.8	14.2	
	西南	–	–	10.7			东北	20.7	12.7	13	
	西	–	–	12.6		第六层	东	20.3	12.9	15.1	15.1
	西北	–	–	12.6			东南	19.2	8.4	13.9	
	北	–	–	11.9			南	19.9	11.6	12.9	
	东北	–	–	11.5			西南	21.1	9.3	13.6	
第三层	东	–	–	13.4	13.4		西	20.1	9.1	12.4	
	东南	–	–	11.4			西北	20.9	9.2	12.4	
	南	–	–	11.4			北	22	13.6	15.1	
	西南	–	–	12.8			东北	22.8	11.4	13.5	
	西	–	–	12.7		第七层	东	23.6	7.9	11.3	11.3
	西北	–	–	12.2			东南	15.8	10.9	12.2	
	北	–	–	12.2			南	20.9	9.3	12.1	
	东北	–	–	12.4			西南	19.2	9.7	11.1	
第四层	东	–	–	11.5	11.5		西	19	10.2	14	
	东南	–	–	13.1			西北	21.2	9.9	12.8	
	南	–	–	11.9			北	16.5	10.3	13.4	
	西南	–	–	12.6			东北	22	9.4	11.7	

附表8　　　　　　　　瑞光塔内部墙面砖砌体各朝向面微波湿度表　　　　　　　单位：%

	第一层	第二层	第三层	第四层	第五层	第六层	第七层	面平均值
东	9.9	11.7	13.4	11.5	10.6	15.1	11.3	11.9
东南	12.1	12.6	11.4	13.1	10.3	13.9	12.2	12.2
南	11.7	12.5	11.4	11.9	11.1	12.9	12.1	11.9
西南	8.4	10.7	12.8	12.6	12.5	13.6	11.1	11.7
西	11.3	12.6	12.7	11.6	11.2	12.4	14	12.3
西北	12.1	12.6	12.2	14.3	12	12.4	12.8	12.6
北	10.6	11.9	12.2	11.4	14.2	15.1	13.4	12.7
东北	12.8	11.5	12.4	12.9	13	13.5	11.7	12.5

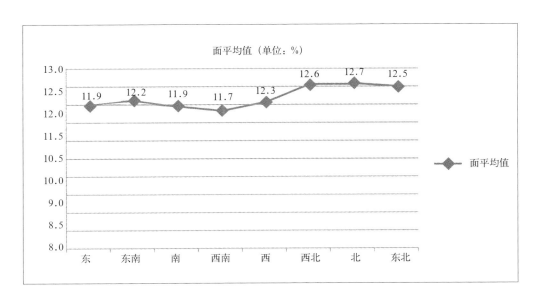

附图3　瑞光塔不同朝向面湿度变化趋势图

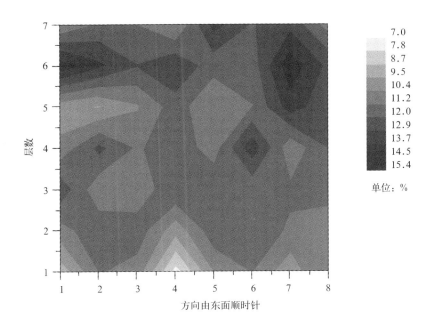

附图4　瑞光塔内部墙面砖砌体11厘米深度、湿度分布图

由附表8及附图3可知瑞光塔内部砖砌墙面不同朝向的湿度最大12.7%为北面，最小11.7%为西南面，整体差异不大，但也可以看出西北、北、东北三面较大均在12.5%以上，朝南各面均相对较小。由附图4可以观察出，整体的湿度分布状况，其中第六、七层明显湿度较高，且东面、东北面、北面湿度相对较高，而一层湿度较小，说明塔内部的水分主要来自顶部渗漏。

（4）内部墙面砖砌体超声波检测

根据检测结果，结合超声和回弹综合检测混凝土强度技术规程CECS 02：2005，结果见附表9。

附表9　　　　　　瑞光塔各层和各朝向超声波速平均值（km/s）与抗压强度值表（MPa）

层数	方向	超声波速平均值（km/s）	抗压强度值（MPa）
第一层	南	1.04km/s	6.5MPa
	西南	0.65km/s	3.1MPa
	西	0.56km/s	2.7MPa
	西北	1.23km	8.2MPa
	北	1.07km	7.0MPa
	东北	1.11km	6.6MPa
	东	0.76km/s	4.0MPa
	东南	1.08km/s	6.9MPa
第二层	南	1.23km/s	8.3MPa
	西	1.42km/s	11.2MPa
	北	1.48km/s	10.0MPa
	东	0.79km/s	4.7MPa
第三层	西南	0.93km/s	6.3米P
	西北	1.13km/s	6.7MPa
	东北	1.33km/s	9.1MPa
	东南	1.29km/s	9.0MPa
第四层	西南	1.63km/s	12.8MPa
	北	1.52km/s	10.7MPa
	东北	1.14km/s	7.5MPa
	东	1.08km/s	6.5MPa
第五层	南	1.50km/s	10.8MPa
	西	1.08km/s	13.1MPa
	北	1.03km/s	6.2MPa
	东	1.38km/s	9.0MPa

层数	方向	超声波速平均值（km/s）	抗压强度值（MPa）
第六层	北	1.19km/s	2.9MPa
	东	1.44km/s	10.2MPa
	西北	1.37km/s	8.5MPa
	西南	0.72km/s	3.7MPa
第七层	南	1.40km/s	3.9MPa
	西	1.35km/s	6.2MPa
	北	1.07km/s	3.4MPa
	东南	1.55km/s	6.4MPa

附表10　　　　　　　　瑞光塔各层和各朝向面超声波波速表　　　　　　单位：km/s

层数	南	西南	西	西北	北	东北	东	东南	层平均值
第一层	1.04	0.65	0.56	1.23	1.07	1.11	0.76	1.08	0.94
第二层	1.23	–	1.42	–	1.48	–	0.79	–	1.23
第三层	–	0.93	–	1.13	–	1.33	–	1.29	1.17
第四层	–	1.63	–	1.52	1.14	1.08			1.34
第五层	1.5	–	1.08		1.03	–	1.38		1.25
第六层	–	0.72	–	1.37	1.19	–	1.44	–	1.18
第七层	–	–	1.35	–	1.07	–	–	1.55	1.32
面平均值	1.26	0.98	1.10	1.24	1.23	1.19	1.09	1.31	1.18

超声波法检测所得强度是所检区域整体的强度，对于塔体内部涉及砖块、砖缝砌筑灰浆和墙面抹灰，砖块裂隙、风化，灰浆空鼓、流失等都会降低检测值。而回弹法检测所得强度是检测点局部强度。超声波法比回弹法检测值小许多就说明该区域附近有裂隙或空鼓等病害。

本次超声波测量得出各墙面的抗压强度数据为2.7MPa～12.8MPa，与回弹法检测出的数据（8.3MPa～24.7MPa）相比小了许多，说明这些检测点区域附近有裂隙或空鼓等病害。瑞光塔内部墙面基本"保持原状"，各处裂隙、空鼓、灰浆流失等病害确实比较多，超声波检测证明了这一情况。

从附表10可以看出，除第一层波速明显较低为0.94km/s外，其他各层超声波数据均分布在1.17km/s～1.34km/s之间，相差不多。第一层波速较低的原因可能是后期修缮所用砖材与其他层不同所致。

（5）瑞光塔内部墙面砖砌体硬度检测

使用 Equotip550 触摸屏硬度计，选用D型冲击探头，检测塔内各层东、西、南、北四个墙面，个别层面检测八个面（见附表11、12）。

附表11　　　　　　　　　瑞光塔内部墙面砖砌体硬度检测数据表　　　　　　　单位：HLD

层数	方位	数据										平均值	层平均值
第一层	东	568	230	482	237	364	565	506	476	475	368	427.1	449.1
	东南	443	540	446	583	637	590	414	370	235	522	478	
	南	536	507	593	586	642	587	536	598	535	576	569.6	
	西南	460	505	533	394	382	365	346	209	225	309	372.8	
	西	611	515	506	528	299	282	482	630	497	360	471	
	西北	497	406	224	476	488	328	464	257	292	351	378.3	
	北	374	517	533	445	420	227	495	342	327	502	418.2	
	东北	443	540	446	583	637	590	414	370	235	522	478	
第二层	东	591	497	579	488	495	565	548	587	542	513	540.5	556.4
	南	511	545	648	542	587	591	619	583	584	631	584.1	
	西	571	593	582	577	559	555	498	524	519	574	555.2	
	北	530	557	527	485	505	566	529	581	590	589	545.9	
第三层	东	513	544	575	496	560	596	634	543	585	512	555.8	551.7
	南	434	455	462	553	505	510	573	562	525	541	512	
	西	615	574	657	594	497	598	594	590	562	519	580	
	北	495	443	598	480	642	576	572	604	602	578	559	
第四层	东	389	560	575	513	533	538	393	542	581	418	504.2	558.6
	南	603	640	503	565	569	540	440	559	667	586	567.2	
	西	661	517	598	570	544	476	592	501	530	453	544.2	
	北	659	607	701	561	619	665	634	542	624	575	618.7	
第五层	东	507	500	541	534	553	511	638	502	582	565	543.3	553.5
	南	560	495	583	530	610	542	619	631	614	593	577.7	
	西	564	589	498	577	563	560	559	598	559	573	564	
	北	457	551	577	598	451	503	479	571	598	506	529.1	
第六层	东	644	540	606	574	376	489	486	218	481	572	498.6	534.3
	东南	541	609	505	473	570	482	681	522	554	485	542.2	
	南	528	570	564	609	655	568	390	521	605	552	556.2	
	西南	436	525	578	557	456	438	595	583	418	576	516.2	
	西	618	577	371	529	580	699	522	611	551	546	560.4	
	西北	383	457	527	415	549	616	629	606	476	496	515.4	
	北	608	643	411	616	391	609	570	486	520	568	542.2	
	东北	507	500	541	534	553	511	638	502	582	565	543.3	

层数	方位	数据										平均值	层平均值
第七层	东	616	647	483	500	561	601	461	461	559	521	541	521.7
	东南	583	430	489	639	552	588	626	474	517	440	533.8	
	南	405	513	442	472	522	504	481	525	505	542	491.1	
	西南	479	547	448	278	582	479	508	574	529	492	491.6	
	西	587	535	276	469	563	632	508	410	621	564	516.5	
	西北	585	594	600	522	627	510	560	542	521	501	556.2	
	北	598	560	604	513	572	543	616	583	531	449	556.9	
	东北	494	485	489	497	492	393	530	359	551	578	486.8	

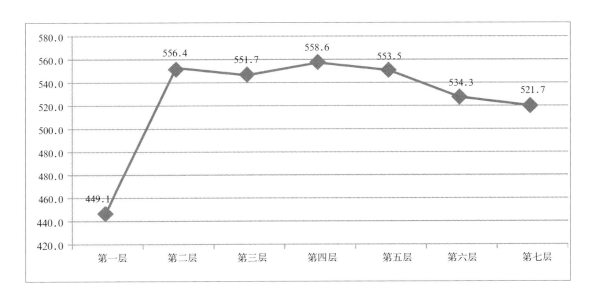

附图5 瑞光塔内部不同层数砖砌体硬度分布趋势图（单位：HLD）

由附图5可知，除第一层墙面硬度数据最低，平均仅为449.1，其他各层均在521~556的范围内，对比明显。

附表12 瑞光塔内部不同朝向墙面砖砌体硬度检测数据件 单位：HLD

	东	东南	南	西南	西	西北	北	东北
第一层	427.1	478.0	569.6	372.8	471.0	378.3	418.2	478.0
第二层	540.5	—	584.1	—	555.2	—	545.9	—
第三层	555.8	—	512	—	580	—	559	—
第四层	504.2	—	567.2	—	544.2	—	618.7	—
第五层	543.3	—	577.7	—	564	—	529.1	—
第六层	498.6	542.2	556.2	516.2	560.4	515.4	542.2	543.3
第七层	541	533.8	491.1	491.6	516.5	556.2	556.9	486.8
平均	515.8	—	551.1	—	541.6	—	538.6	—

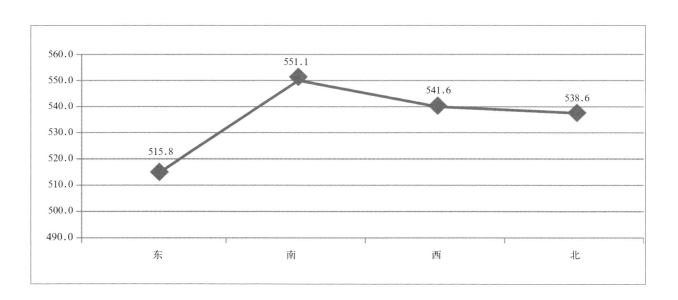

附图6 瑞光塔内部不同朝向砖砌体硬度分布趋势图（单位：HLD）

由附图6可以看出东面硬度较低为515.8HLD，南面硬度最高为551.1HLD。从砖砌体的硬度检测值来看，除第一层外，其他各层砖砌体保存相对较好，数值相差不大。瑞光塔第一层内部墙面硬度值明显低于其他各层，一方面可能和地表水渗透、近地表潮湿、冻融风化等有关，另一方面也可能与修缮补砖用材有关，今后需要继续监测观察，若墙面硬度进一步迅速降低就需要采取适当措施。

（6）小结

通过回弹强度、表面粗糙度、微波湿度、超声波和砖砌体硬度检测发现：

①瑞光塔第一至四层的抗压强度和弹性模量均值相近，且较高。第五层以上各层数值依次降低，第七层数值最低。从方位上看，北面回弹强度较低而西面强度较高。

②塔体各层粗糙度均值较为接近，其中第四层和第七层粗糙度相对较大，而第五层粗糙度则相对较低。从方位上看，塔体各面粗糙度较为接近，西北面和东北面粗糙度相对较高，而北面粗糙度相对较低。

③瑞光塔内部墙面各层微波湿度检测数据差异性不大，其中第六层、第七层湿度相对较高。从方位上看，北面湿度最大，西南面湿度最小。估计塔内部水分主要来自顶部的微小渗漏或飘雨。

④从塔内部墙面的超声波法强度检测结果看，其比回弹法检测值小了许多，说明瑞光塔内部墙面存在许多裂隙、空鼓、灰浆流失等病害。另外，第一层波速较低的原因可能是后期修补所用砖材与其他层不同所致。

⑤硬度检测发现，瑞光塔第一层内部墙面硬度值明显低于其他各层，一方面可能与地表潮湿、冻融风化等有关，另一方面也可能与修缮补砖用材有关，需要后续监测观察。

3．砖材的实验室检测

本次检测于各层砖缝局部松动处捡拾了小块砖样进行采样分析。

（1）砖材的成分分析

从砖材样品中选取三个较有代表性的样品，使用X-射线衍射仪、扫描电镜能谱仪进行成分分析。其中，R-7为黄砖，R-31为灰砖，R-37为红砖（见附表13～15）。R-7取自瑞光塔六、七层之间，样块较

附表13　　　　　　　　　　　　黄砖样品R-7的EDS分析结果

Elt.	Line	Intensity (c/s)	Atomic %	Atomic Ratio	Conc	Units	Error 2-sig	
C	Ka	15.58	8.526	0.1451	4.887	wt.%	0.728	
O	Ka	292.05	58.748	1.0000	44.856	wt.%	0.988	
Na	Ka	9.42	0.583	0.0099	0.640	wt.%	0.149	
米g	Ka	16.10	0.739	0.0126	0.858	wt.%	0.128	
Al	Ka	170.78	6.702	0.1141	8.629	wt.%	0.261	
Si	Ka	439.29	17.149	0.2919	22.985	wt.%	0.412	
S	Ka	13.50	0.546	0.0093	0.836	wt.%	0.126	
Cl	Ka	2.25	0.088	0.0015	0.149	wt.%	0.111	
K	Ka	21.86	0.868	0.0148	1.620	wt.%	0.169	
Ca	Ka	87.44	3.717	0.0633	7.110	wt.%	0.303	
Fe	Ka	18.47	1.615	0.0275	4.304	wt.%	0.447	
Zr	La	15.77	0.718	0.0122	3.126	wt.%	0.428	
			100.000		100.000	wt.%		Total

附表14　　　　　　　　　　　　灰砖样品R-31的EDS分析结果

Elt.	Line	Intensity (c/s)	Atomic %	Atomic Ratio	Conc	Units	Error 2-sig	
C	Ka	3.94	2.124	0.0358	1.171	wt.%	0.555	
O	Ka	413.05	59.312	1.0000	43.557	wt.%	0.805	
Na	Ka	14.98	0.763	0.0129	0.805	wt.%	0.136	
米g	Ka	24.74	0.938	0.0158	1.047	wt.%	0.118	
Al	Ka	279.00	9.070	0.1529	11.233	wt.%	0.261	
Si	Ka	632.73	20.987	0.3538	27.054	wt.%	0.403	
S	Ka	31.17	1.071	0.0181	1.577	wt.%	0.140	
Cl	Ka	2.63	0.087	0.0015	0.141	wt.%	0.103	
K	Ka	32.56	1.088	0.0184	1.953	wt.%	0.164	
Ca	Ka	36.98	1.311	0.0221	2.412	wt.%	0.180	
Fe	Ka	38.78	2.802	0.0472	7.181	wt.%	0.478	
Zr	La	11.25	0.446	0.0075	1.869	wt.%	0.387	
			100.000		100.000	wt.%		Total

大，与底下各层砖材从外形上看有明显区别，猜测为后期维修过程中添补的砖材。

由检测结果可知，样品R-7主要成分是石英以及少量的钠长石和白云母，样品R-31的主要成分是石英以及少量的白云母、钙长石和烧石膏，样品R-37的主要成分是石英以及少量的钠长石和白云母。

附表15　　　　　　　　　　　　红砖样品R-37的EDS分析结果

Elt.	Line	Intensity（c/s）	Atomic %	Atomic Ratio	Conc	Units	Error 2-sig	
C	Ka	4.48	4.319	0.0769	2.380	wt.%	0.686	
O	Ka	219.15	56.196	1.0000	41.244	wt.%	1.036	
Na	Ka	9.24	0.828	0.0147	0.873	wt.%	0.173	
米g	Ka	15.29	1.024	0.0182	1.142	wt.%	0.155	
Al	Ka	164.75	9.499	0.1690	11.756	wt.%	0.355	
Si	Ka	382.61	22.698	0.4039	29.243	wt.%	0.559	
K	Ka	21.10	1.263	0.0225	2.266	wt.%	0.232	
Ca	Ka	10.90	0.691	0.0123	1.270	wt.%	0.206	
Fe	Ka	22.69	2.924	0.0520	7.491	wt.%	0.672	
Zr	La	7.68	0.558	0.0099	2.335	wt.%	0.534	
			100.000		100.000	wt.%		Total

　　从表中可以看出，灰砖和红砖样品的元素组成十分相似，含有大量的氧、铝、硅元素和少量的铁、钠、镁、锆、钾、钙元素，各元素的比例表明灰砖和红砖都是由黏土烧制而成。与红砖和灰砖相比，黄砖含有较多的钙元素。黄砖和灰砖中都检测出少量的S元素，可能是风化产物的遗存。

（2）砖材风化产物的成分分析

　　取样过程中发现砖材样品R-16表面有白色的风化产物，为了探究瑞光塔砖材风化产物的成分，使用X射线衍射技术和扫描电镜能谱技术对风化产物的晶体成分和元素组成进行分析（见附表16）。

附表16　　　　　　　　　瑞光塔样品R-16风化产物的EDS分析结果

Elt.	Line	Intensity（c/s）	Atomic %	Atomic Ratio	Conc	Units	Error 2-sig	
C	Ka	35.69	19.709	0.3360	12.146	wt.%	0.900	
O	Ka	128.71	58.657	1.0000	48.150	wt.%	1.611	
米g	Ka	8.61	0.719	0.0123	0.896	wt.%	0.176	
Al	Ka	41.37	2.917	0.0497	4.038	wt.%	0.263	
Si	Ka	105.74	6.984	0.1191	10.064	wt.%	0.376	
P	Ka	0.00	0.000	0.0000	0.000	wt.%	0.000	
S	Ka	1.48	0.095	0.0016	0.157	wt.%	0.135	
Ca	Ka	135.42	9.683	0.1651	19.911	wt.%	0.647	
Fe	Ka	4.15	0.632	0.0108	1.811	wt.%	0.477	
Zr	La	8.91	0.604	0.0103	2.828	wt.%	0.530	
			100.000		100.000	wt.%		Total

瑞光塔砖块样品R-16风化产物的主要成分是石膏，其中石英、白云母和钙长石这三个成分可能来自于砖块。样品R-16的风化产物的主要元素组成是氧、硫和钙，另外含有少量的镁、铝、硅和锆元素。XRD检测结果与能谱检测结果相符。样品R-16风化产物的结晶颗粒较大，颗粒直径在5μm～30μm之间。

（3）砖材的水力学性质

瑞光塔砖材样品水力学性质项目包括砖材密度、吸水率和显孔隙率的检测以及毛细吸水率检测。

砖材密度、吸水率和显孔隙率的检测结果如附表17所示，其中显孔隙率是指开放孔的孔隙率。除样品R-7以外，其余样品密度相近，在1.75g/cm³～2.02g/cm³之间，吸水率相差较大，在7%～18%之间，显孔隙率也相差较大，在14%～32%之间。样品R-7密度最小，吸水率和显孔隙率最大。根据砖材的质量与性能与密度成正比，与吸水率和孔隙率成反比的规律，与其他样品相比，样品R-7的性能相对较差（附图7）。

附表17　　　　　　　　　　瑞光塔砖材密度、吸水率和孔隙率检测结果

样品编号	样品位置	密度g/cm³	吸水率（%）	显孔隙率（%）
R-37	一层南	2.0109	7.25	14.57
R-32	二层西	1.8442	14.36	26.49
R-31	三层东	1.7556	17.34	30.43
R-16	五层东南	1.9784	9.74	19.27
R-12-1	六层东南	1.7356	18.84	32.69
R-13	六层东北	2.0173	10.24	20.67
R-7	六七层之间南	1.6988	20.36	34.59
平均值		1.8630	14.02	25.53

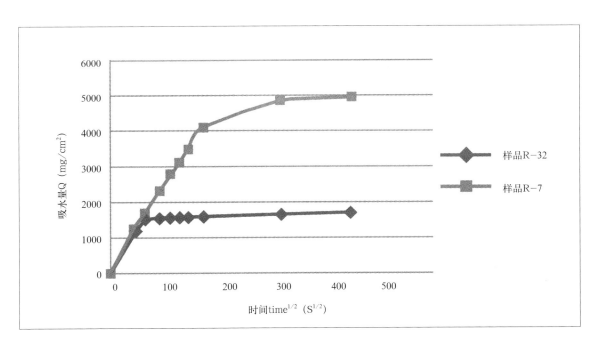

附图7　样品R-32和R-7的毛细吸水曲线图

（4）小结

砖的元素组成主要含有氧、铝、硅元素，以及少量的铁、钠、镁、锆、钾、钙元素。砖的主要成分是石英，以及长石和云母类物质。砖表面风化产物主要成分是石膏，结晶颗粒较大，直径在5μm～30μm之间。除样品R-7以外，其余样品密度在1.75g/cm³～2.02g/cm³之间，吸水率在7%～18%之间，显孔隙率在14%～32%之间。样品R-7密度最小，吸水率和显孔隙率最大，毛细吸水系数较大，说明样品R-7的性能相对较差，其余砖样品的性能相近。

（二）瑞光塔外部墙面检测

瑞光塔外部墙面在2013年底至2014年5月间进行过维修，外墙粉刷面仍然较新，保存状况较好。现场检测项目有微波湿度检测和硬度检测。

1. 微波湿度

外墙微波湿度检测数据见附表18、附表19。

附表18　　　　　　　　　　瑞光塔外墙湿度检测数据　　　　　　　　单位：%

层数	方位	3厘米	7厘米	11厘米	平均值	层平均值
第七层	东	21.3	9	11.3	13.9	13.9
	东南	19.9	12.2	11	14.4	
	南	20.1	8.4	11.1	13.2	
	西南	21.6	6.4	11.8	13.3	
	西	21.8	11.2	10.3	14.4	
	西北	21.4	8.5	11.1	13.7	
	北	19.8	12.6	9.3	13.9	
	东北	20.8	10.1	12.1	14.3	
第六层	东	22.1	－	12.2	17.2	17.3
	东南	22.3	－	14.1	18.2	
	南	22.2	－	13.3	17.8	
	西南	21.3	－	13.5	17.4	
	西	21.6	－	12.5	17.1	
	西北	20.5	－	7.5	14.0	
	北	22.9	－	14	18.5	
	东北	22.6	－	14.7	18.7	

层数	方位	3厘米	7厘米	11厘米	平均值	层平均值
第五层	东	-	-	11.4	11.4	12.2
	东南	-	-	13	13.0	
	南	-	-	11.5	11.5	
	西南	-	-	12.8	12.8	
	西	-	-	11.1	11.1	
	西北	-	-	12.3	12.3	
	北	-	-	13.4	13.4	
	东北	-	-	12.2	12.2	
第四层	东	-	-	10.4	10.4	11.5
	东南	-	-	11.7	11.7	
	南	-	-	10.7	10.7	
	西南	-	-	11.1	11.1	
	西	-	-	11.6	11.6	
	西北	-	-	10.8	10.8	
	北	-	-	12.9	12.9	
	东北	-	-	12.9	12.9	
第三层	东	-	-	12.7	12.7	12.4
	东南	-	-	12.1	12.1	
	南	-	-	12.4	12.4	
	西南	——	——	11.4	11.4	
	西	-	-	12.6	12.6	
	西北	-	-	12.6	12.6	
	北	-	-	13.1	13.1	
	东北	-	-	12.5	12.5	
第二层	东	-	-	13	13.0	11.9
	东南	-	-	12.7	12.7	
	南	-	-	12.8	12.8	
	西南	-	-	10.5	10.5	
	西	-	-	8.1	8.1	
	西北	-	-	13	13.0	
	北	-	-	13.2	13.2	
	东北	-	-	11.8	11.8	

瑞光塔 保护修缮工程报告

层数	方位	3厘米	7厘米	11厘米	平均值	层平均值
第一层	东	–	–	10.8	10.8	11.5
	东南	–	–	13.5	13.5	
	南	–	–	10.3	10.3	
	西南	–	–	10.4	10.4	
	西	–	–	11.1	11.1	
	西北	–	–	14.2	14.2	
	北	–	–	7.4	7.4	
	东北	–	–	14.6	14.6	

附表19　　瑞光塔外墙不同朝向湿度检测数据　　单位：%

方向	第一层	第二层	第三层	第四层	第五层	第六层	第七层	面平均值
东	10.8	13	12.7	10.4	11.4	12.2	11.3	11.7
东南	13.5	12.7	12.1	11.7	13	14.1	11	12.6
南	10.3	12.8	12.4	10.7	11.5	13.3	11.1	11.7
西南	10.4	10.5	11.4	11.1	12.8	13.5	11.8	11.6
西	11.1	8.1	12.6	11.6	11.1	12.5	10.3	11.0
西北	14.2	13	12.6	10.8	12.3	7.5	11.1	11.6
北	7.4	13.2	13.1	12.9	13.4	14	9.3	11.9
东北	14.6	11.8	12.5	12.9	12.2	14.7	12.1	13.0

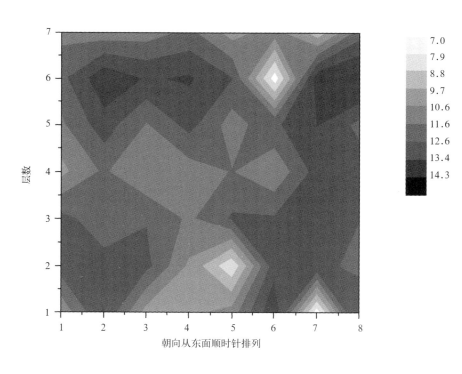

附图8　瑞光塔外墙墙体11厘米湿度分布图

由附表18、19数据可知，瑞光塔各层湿度相差不大。其中第六层湿度明显较高，与内层数据相对应，可能是因为顶部漏水，未干。不同朝向的湿度差距很小。各面数据除东北面13.0%、东南面12.6%较高外，其他面数据分布在11.0%～11.9%之间（附图8）。

2．硬度的现场检测

外墙的硬度检测数据见附表20和附表21，以及附图9和附图10。由附图9可知硬度最高值为第七层284.5 HLD，最低为第五层265.5 HLD，各层差距不大。由附图10可以看出东面硬度较低为270.0 HLD，西面硬度最高281.5 HLD。由于外墙面粉刷才两年多，整体硬度分布均匀。

附表20　　　　　　　　　　　瑞光塔内部墙面砖砌体硬度检测数据　　　　　　　　　单位：HLD

层数	方位	数据										平均值	层平均值
第一层	东	289	288	315	249	234	213	223	232	301	244	258.8	270.3
	东南	280	270	286	315	209	237	214	323	314	295	274.3	
	南	337	280	338	306	250	355	320	278	316	260	304	
	西南	272	299	273	290	322	221	275	309	284	286	283.1	
	西	256	330	306	333	255	291	246	266	240	298	282.1	
	西北	242	276	247	218	251	315	275	240	225	253	254.2	
	北	249	305	264	258	297	245	224	265	225	222	255.4	
	东北	276	287	273	211	201	248	300	275	221	215	250.7	
第二层	东	244	266	265	243	283	287	283	266	279	266	268.2	272.4
	南	264	276	280	273	293	285	262	267	288	287	277.5	
	西	261	278	253	294	277	244	282	278	284	300	275.1	
	北	285	274	267	253	280	273	260	269	264	264	268.9	
第三层	东	272	270	260	277	266	282	290	269	296	270	275.2	275.2
	东南	302	396	487	349	307	281	249	252	263	266	315.2	
	南	285	312	301	310	299	262	268	286	289	282	289.4	
	西南	310	275	290	273	308	214	212	290	294	225	269.1	
	西	287	375	307	283	311	317	312	272	257	229	295	
	西北	274	288	290	253	271	266	263	268	309	297	277.9	
	北	291	283	242	330	314	324	265	243	278	318	288.8	
	东北	263	279	242	303	266	304	285	291	276	221	273	
第四层	东	269	241	277	285	246	272	268	307	290	286	274.1	274.1
	南	268	316	296	290	308	277	306	290	309	292	295.2	
	西	292	274	268	301	261	282	315	276	305	268	284.2	
	北	260	262	267	258	315	291	292	294	299	292	283	

层数	方位	数据										平均值	层平均值
第五层	东	256	258	230	271	272	241	260	296	261	268	261.3	265.5
	南	294	271	279	318	238	281	241	265	258	246	269.1	
	西	254	246	260	245	239	246	218	258	231	263	246	
	北	258	248	286	285	287	289	294	299	304	307	285.7	
第六层	东	264	256	274	247	231	254	255	273	252	310	261.6	272.6
	南	235	264	295	260	285	302	304	286	261	267	275.9	
	西	260	277	252	249	255	271	300	297	261	263	268.5	
	北	271	257	320	291	276	311	308	277	273	261	284.5	
第七层	东	244	330	316	277	229	267	289	262	233	293	274	284.5
	南	276	296	267	253	291	323	256	274	279	255	277	
	西	276	250	244	335	314	276	339	296	258	272	286	
	北	305	317	335	332	285	288	289	259	288	311	300.9	

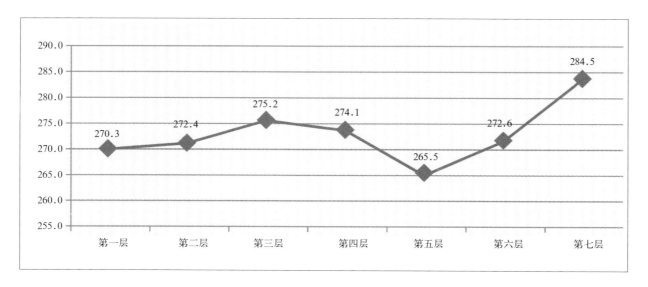

附图9　瑞光塔内部不同层数砖砌体硬度分布趋势图（单位：HLD）

附表21　　　　　瑞光塔内部不同朝向墙面砖砌体硬度检测数据　　　　　单位：HLD

	东	东南	南	西南	西	西北	北	东北
第一层	258.8	274.3	304.0	283.1	282.1	254.2	255.4	250.7
第二层	268.2	－	277.5	－	275.1	－	268.9	－
第三层	275.2	315.2	289.4	269.1	295.0	277.9	288.8	273.0
第四层	274.1	－	295.2	－	284.2	－	283.0	－
第五层	248.9	－	240.2	－	272.0	－	279.1	－
第六层	279.3	－	266.5	－	277.8	－	285.3	－
第七层	285.7	－	260.6	－	284.5	－	275.6	－
平均	270.0	－	276.2	－	281.5	－	276.6	－

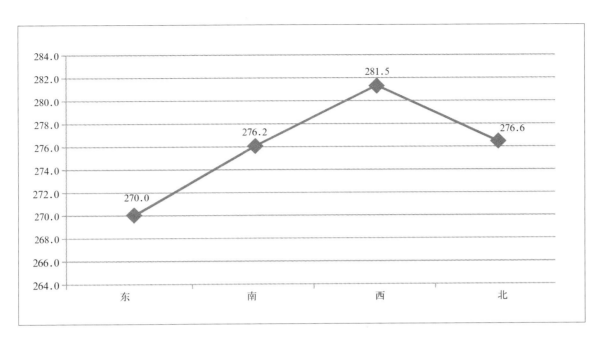

附图10　瑞光塔内部不同朝向砖砌体硬度分布趋势图（单位：HLD）

（3）小结

通过对瑞光塔外部墙面的微波湿度检测和表面硬度检测发现以下几点问题。

①与内层数据相对应，第六层湿度较高，但各层湿度相差不大，且不同朝向的湿度差距很小。

②各层外墙面硬度差距不大，第七层硬度相对较高，第五层相对较低。各方位硬度差距很小，西面相对较高，东面相对较低。

（三）内部墙面灰浆检测

1．灰浆病害

瑞光塔虽经过几次维修，但内部墙面均未扰动，基本上保持了"文物原状"。目前，瑞光塔内部墙面灰浆的主要病害有抹灰大面积空鼓剥落，墙面灰浆裂隙，灰浆风化粉化掉落，墙灰表面人为刻画等。

为了更直观地显示灰浆病害，使用红外热像仪对室内部分墙面进行成像。

红外热像图拍于室内墙面，由于墙体厚度几乎相同，受光照影响墙面温度应该相同，但图中上部部分区域呈现红色，说明该部分温度较周围温度高，应是抹面灰浆空鼓造成。

2．灰浆现场检测

砌筑灰浆是决定砌筑体整体强度的关键材料。检测结果详见附表22和附表23。

附表22　　　　　　　　　　　　　　　瑞光塔砌筑灰浆贯入强度检测值

层数	方位	贯入深度（毫米）					平均值	层平均值	换算值（MPa）
第一层	南	10.62	11.44	15.85	13.18	12.69	12.76	12.52	0.7
	西南	10.10	15.22	11.36	9.94	9.14	11.21		
	西	13.74	11.43	10.70	10.37	15.06	12.26		
	西北	12.89	13.13	17.04	12.45	13.33	13.77		
	北	10.26	15.35	14.01	15.76	11.45	13.37		
	东北	10.85	10.60	12.19	8.25	14.21	11.22		
	东	9.38	12.70	16.53	11.73	11.23	12.31		
	东南	14.89	10.92	12.98	12.86	14.67	13.26		
第二层	西	11.74	8.74	11.82	16.44	13.96	12.54	12.45	0.7
	北	10.03	14.16	15.38	17.35	10.40	13.46		
	东	15.87	8.90	10.55	12.01	12.09	11.88		
	东南	8.78	10.8	8.31	12.94	18.72	11.91		
第三层	西南	10.11	9.03	6.97	11.89	12.54	10.11	11.12	0.8
	西北	9.32	10.27	13.88	14.97	9.80	11.65		
	东	9.31	8.18	7.44	8.16	17.05	10.03		
	东南	9.83	15.43	7.92	8.94	21.44	12.71		
第四层	西南	11.71	7.13	13.02	8.93	13.82	10.81	12.93	0.6
	北	19.05	10.05	10.08	10.77	14.71	13.08		
	东北	13.98	12.93	15.25	19.7	11.81	14.73		
	东	10.13	9.76	8.19	18.16	19.14	13.08		
第五层	南	8.93	8.58	9.38	7.77	13.78	9.69	10.03	1.1
	西	11.74	19.09	10.76	9.62	13.98	13.04		
	北	9.98	13.39	10.09	9.57	7.51	10.11		
	东	11.23	7.99	7.15	6.82	3.25	7.29		
第六层	南	12.60	6.96	7.32	9.75	9.44	9.21	12.67	0.6
	西南	13.34	10.56	16.78	17.37	12.59	14.13		
	东北	16.87	14.36	11.85	10.32	15.57	13.79		
	东	13.03	15.34	20.15	8.98	10.25	13.55		
第七层	南	15.78	15.93	10.16	15.99	15.52	14.68	14.68	0.5
	西南	16.96	18.18	11.74	14.84	19.97	16.34		
	西	8.56	14.38	13.90	10.37	15.78	12.60		
	西北	15.39	11.30	17.47	16.00	9.85	14.00		
	北	10.08	11.16	13.27	13.36	16.57	12.89		
	东北	13.71	14.31	19.73	17.84	8.48	14.81		
	东	15.70	16.95	18.55	21.03	16.03	17.65		
	东南	13.95	11.06	14.55	18.49	14.40	14.49		

附表23　　　　　　　　　　瑞光塔不同朝向面贯入强度对比表

| | 贯入深度　（毫米） | | | | | | | | 换算值 |
	一层	二层	三层	四层	五层	六层	七层	面平均值	（MPa）
南	12.76	–	–	–	9.69	9.21	14.68	11.59	0.8
西南	11.21	–	10.11	10.81	–	14.13	16.34	12.52	0.7
西	12.26	12.54	–	–	13.04	–	12.60	12.61	0.6
西北	13.77	–	11.65	–	–	–	14.00	13.14	0.6
北	13.37	13.46	–	13.08	10.11	–	12.89	12.58	0.6
东北	11.22	–	–	14.73	–	13.79	14.81	13.64	0.5
东	12.31	11.88	10.03	13.08	7.29	13.55	17.65	12.26	0.7
东南	13.26	11.91	12.71	–	–	–	14.49	13.09	0.6

从附表中可以看出，瑞光塔灰浆强度整体较为接近，其中第五层相对较高；而第七层较低，可能因其风化稍严重；南面灰浆强度较高，而东北面灰浆强度较低。

3．灰浆的实验室检测

为了检测瑞光塔灰浆的成分和保存状态，对瑞光塔各层的抹面灰和砖缝灰进行微量取样。

（1）灰浆的成分分析

瑞光塔年代久远，几百年来经历过多次维修，内部墙面留存的灰浆种类繁多，仅从外观上看，颜色、颗粒粗细程度以及掺加纤维各异，本次检测挑选具有代表性的灰浆样品，使用能谱仪和X射线衍射仪进行元素组成和晶体成分分析（见附表24～30）。

附表24　　　　　　　　　　样品R-1（粉色灰浆）的能谱元素分析结果

Elt.	Line	Intensity（c/s）	Atomic %	Atomic Ratio	Conc	Units	Error 2-sig	
C	Ka	92.40	21.939	0.3379	14.505	wt.%	0.601	
O	Ka	285.84	64.933	1.0000	57.186	wt.%	1.266	
Al	Ka	41.79	1.558	0.0240	2.314	wt.%	0.176	
Si	Ka	16.38	0.558	0.0086	0.863	wt.%	0.133	
S	Ka	69.02	2.195	0.0338	3.875	wt.%	0.201	
Ca	Ka	219.69	8.175	0.1259	18.035	wt.%	0.461	
Zr	La	20.31	0.642	0.0099	3.222	wt.%	0.413	
			100.000		100.000	wt.%		Total

附表25　　　　　　　　　样品R-6（灰浆砖红色部分）的能谱元素分析结果

Elt.	Line	Intensity（c/s）	Atomic %	Atomic Ratio	Conc	Units	Error 2-sig	
C	Ka	43.46	11.706	0.1870	6.492	wt.%	0.417	
O	Ka	147.85	62.613	1.0000	46.257	wt.%	1.447	
Al	Ka	15.05	0.732	0.0117	0.913	wt.%	0.135	
Si	Ka	8.52	0.370	0.0059	0.480	wt.%	0.111	
S	Ka	51.07	2.017	0.0322	2.987	wt.%	0.185	
Ca	Ka	468.87	22.088	0.3528	40.878	wt.%	0.702	
Zr	La	13.09	0.473	0.0076	1.994	wt.%	0.331	
			100.000		100.000	wt.%		Total

附表26　　　　　　　　　样品R-6（灰浆白色部分）的能谱元素分析结果

Elt.	Line	Intensity（c/s）	Atomic %	Atomic Ratio	Conc	Units	Error 2-sig	
C	Ka	144.96	14.851	0.2187	9.082	wt.%	0.295	
O	Ka	411.67	67.921	1.0000	55.331	wt.%	1.021	
Al	Ka	14.71	0.331	0.0049	0.455	wt.%	0.095	
P	Ka	0.00	0.000	0.0000	0.000	wt.%	0.000	
S	Ka	14.82	0.268	0.0039	0.438	wt.%	0.081	
Cl	Ka	11.91	0.212	0.0031	0.383	wt.%	0.083	
Ca	Ka	747.76	16.104	0.2371	32.862	wt.%	0.447	
Zr	La	18.02	0.312	0.0046	1.448	wt.%	0.238	
			100.000		100.000	wt.%		Total

附表27　　　　　　　　　样品R-7（灰色砂浆）的能谱元素分析结果

Elt.	Line	Intensity（c/s）	Atomic %	Atomic Ratio	Conc	Units	Error 2-sig	
C	Ka	35.69	19.709	0.3360	12.146	wt.%	0.900	
O	Ka	128.71	58.657	1.0000	48.150	wt.%	1.611	
米g	Ka	8.61	0.719	0.0123	0.896	wt.%	0.176	
Al	Ka	41.37	2.917	0.0497	4.038	wt.%	0.263	
Si	Ka	105.74	6.984	0.1191	10.064	wt.%	0.376	
P	Ka	0.00	0.000	0.0000	0.000	wt.%	0.000	
S	Ka	1.48	0.095	0.0016	0.157	wt.%	0.135	
Ca	Ka	135.42	9.683	0.1651	19.911	wt.%	0.647	
Fe	Ka	4.15	0.632	0.0108	1.811	wt.%	0.477	
Zr	La	8.91	0.604	0.0103	2.828	wt.%	0.530	
			100.000		100.000	wt.%		Total

附表28　　　　　　　　　　样品R-21（白色灰浆）的能谱元素分析结果

Elt.	Line	Intensity (c/s)	Atomic %	Atomic Ratio	Conc	Units	Error 2-sig	
C	Ka	96.68	19.617	0.3024	12.351	wt.%	0.493	
O	Ka	221.25	64.877	1.0000	54.411	wt.%	1.379	
Al	Ka	32.35	1.359	0.0210	1.923	wt.%	0.168	
Si	Ka	9.46	0.360	0.0055	0.530	wt.%	0.123	
Ca	Ka	319.93	13.080	0.2016	27.479	wt.%	0.575	
Fe	Ka	0.45	0.040	0.0006	0.116	wt.%	0.241	
Zr	La	19.36	0.667	0.0103	3.190	wt.%	0.410	
			100.000		100.000	wt.%		Total

附表29　　　　　　　　　　样品R-24（棕色灰浆）的能谱元素分析结果

Elt.	Line	Intensity (c/s)	Atomic %	Atomic Ratio	Conc	Units	Error 2-sig	
C	Ka	31.49	15.152	0.2474	9.444	wt.%	0.819	
O	Ka	261.64	61.237	1.0000	50.842	wt.%	1.186	
米g	Ka	15.14	0.776	0.0127	0.979	wt.%	0.152	
Al	Ka	96.53	4.227	0.0690	5.919	wt.%	0.251	
Si	Ka	296.45	12.560	0.2051	18.305	wt.%	0.405	
K	Ka	13.37	0.579	0.0095	1.174	wt.%	0.162	
Ca	Ka	95.72	4.477	0.0731	9.312	wt.%	0.369	
Fe	Ka	3.76	0.367	0.0060	1.062	wt.%	0.323	
Zr	La	12.96	0.626	0.0102	2.963	wt.%	0.495	
			100.000		100.000	wt.%		Total

附表30　　　　　　　　　　样品R-35-1（紫色灰浆）的能谱元素分析结果

Elt.	Line	Intensity (c/s)	Atomic %	Atomic Ratio	Conc	Units	Error 2-sig	
C	Ka	15.57	14.925	0.2946	7.491	wt.%	0.823	
O	Ka	34.59	50.663	1.0000	33.875	wt.%	2.233	
米g	Ka	2.17	0.447	0.0088	0.454	wt.%	0.205	
Al	Ka	11.91	2.023	0.0399	2.281	wt.%	0.295	
Si	Ka	13.13	2.006	0.0396	2.354	wt.%	0.290	
S	Ka	3.38	0.465	0.0092	0.624	wt.%	0.202	
K	Ka	3.10	0.412	0.0081	0.672	wt.%	0.247	
Ca	Ka	156.16	24.831	0.4901	41.590	wt.%	1.240	
Fe	Ka	10.69	3.693	0.0729	8.619	wt.%	1.138	
Zr	La	4.10	0.535	0.0106	2.040	wt.%	0.584	
			100.000		100.000	wt.%		Total

用肉眼观察可以看到，样品R-6为红色灰浆中零星分布着一些直径为2毫米的白色灰浆颗粒。从以上附表中可以发现，样品R-1和R-6（红色灰浆部分）的主要元素成分均为碳、氧、硫和钙元素。另外，还含有少量的铝、硅和锆元素。推测这两种灰浆样品的主要成分为碳酸钙和硫酸钙。样品R-7和R-24除碳、氧和钙之外还含有大量的铝和硅元素，推测除碳酸钙之外还含有较多的石英等黏土成分。样品R-21、R-35-1和R-6（白色灰浆部分）没有硫元素，推测主要成分是碳酸钙。其中，R-35-1（紫色灰浆）含有3.7%的铁元素，其余样品的铁元素含量均低于0.7%。

样品R-1和R-6的主要成分是碳酸钙、石膏和极少量的石英，样品R-7的主要成分是石英、少量的长石和白云母，样品R-24的主要成分是石英、碳酸钙、少量的白云母和长石，样品R-21的主要成分是碳酸钙和少量石膏，样品R-35-1的主要成分是石英和碳酸钙。以上能谱和XRD的分析结果基本相符。

（2）灰浆有机添加物分析

利用本实验室的化学分析方法可以检测出砂浆中淀粉、蛋白质、油脂、血料和糖等添加剂成分，每个样品仅需0.2克可完成五种有机物的检测，即用碘试剂法检测糯米淀粉、考马斯亮蓝法检测蛋白质、过氧化法检测油脂、班氏试剂法检测糖和还原酚酞法检测血料。

本次实验共计检测瑞光塔灰浆样品23个，其中抹面灰浆样品13个、砖缝灰浆样品10个。检测结果如附表31和附表32所示。

附表31　　　　　　　　　　　　　　瑞光塔抹面灰浆有机添加物检测结果

样品编号	样品位置	样品颜色	pH	蛋白质	淀粉	油脂	糖	血料
R-38-1	一层西	白	7	+	−	−	−	−
R-38-3	一层西	砖红	7	−	−	−	−	−
R-35-1		红	7	−	−	−	−	−
R-35-2	二层南	白	7	++	−	+	−	−
R-15	五层东	红	8	−	−	+	−	−
R-14-2		土红	7	+	−	−	−	−
R-14-1	五层南	红	6	−	−	+	−	−
R-17	五层东	土黄	6	−	−	+++	−	−
R-40-4		粉红	7	+	−	++	−	−
R-40-2	六层东北	灰	8	+	−	−	−	−
R-11	六层南	白	7	−	−	+	−	−
R-1	七层东	白	7	−	−	++	−	−
R-7	六七层之间南	灰	7	++	−	−	−	−

附表32　　　　　　　　　　　　　瑞光塔砖缝灰浆有机添加物检测结果

样品编号	样品位置	pH	蛋白质	淀粉	油脂	糖	血料
R-36	一层东南	6	−	−	++	−	−
R-33	二层西	7	++	−	++	−	−
R-29	三层东南	7	−	−	−	−	−
R-24	四层西南	8	−	++	−	−	−
R-21	五层南	8	−	−	−	−	−
R-19	五层南	6	−	−	−	−	−
R-10	六层东南	6	−	−	++	−	−
R-6	七层南	6	−	−	++	−	−
R-4	七层东	8	+	−	−	−	−
R-2	七层东	7	+	−	−	−	−

　　从附表31和附表32中可以看出，所检测的23个灰浆样品中，9个样品含有蛋白质，其中抹面灰浆6个，砖缝灰浆3个；一个砖缝灰浆含有淀粉；11个样品含有油脂，其中抹面灰浆7个，砖缝灰浆4个；没有检测出糖和血料的成分；有3个样品含有两种有机添加物。由统计结果可知，半数以上的样品掺加有有机添加物。

　　（3）灰浆微观结构分析

　　在肉眼观察条件下，瑞光塔内部七层南砖缝灰浆样品R-6是以红色灰浆为主，其中零星地分布着一些直径约2毫米的白色灰浆，有机添加物检测发现其含有桐油，XRD检测表明其红色部分主要成分为碳酸钙和硫酸钙（石膏），白色部分主要为碳酸钙。利用扫描电子显微镜对样品R-6进行观察，放大倍数为10000倍。

　　根据显微镜下图像分析结果，灰浆白色部分微观结构为颗粒状，颗粒之间结构较松散；灰浆红色部分微观结构的颗粒之间连接较紧密，呈现出一种比较致密的结构，应该受到有机添加物的调控。由此推测，桐油主要分布在红色灰浆中。

　　（4）灰浆中纤维添加物鉴定

　　在瑞光塔灰浆样品中，可以发现灰浆中明显混有草茎，细泥层混有更细的纤维物质。本次检测对细泥层中的纤维进行了切片，并利用显微镜作分析鉴别。

　　经过比对，发现灰浆中所含纤维可能是稻秸秆纤维。稻秸秆纤维横截面细胞呈网格状连接，方形、不规则直角边形状和圆形的单个细胞形状。规整情况下为交错的网格状和以圆形为基本单位的网格状，互相紧密相贴排布在一起。稻细胞最大可达10μm左右，最小在5μm左右。瑞光塔稻秸秆纤维由于年代比较久远，大部分已腐蚀受损，但局部仍保留了稻秸秆纤维的特征。

　　另外，细泥层混入的更细纤维很可能是棉纤维。棉纤维横截面细胞呈现单细胞结构，细胞间无紧密联结。正常成熟的棉纤维，截面呈腰圆形，中间有中腔，中腔较小；成熟度低的棉纤维，则截面扁平，呈扁圆形。细胞界面形状长约15μm～20μm，宽约3μm～5μm。瑞光塔细泥层中的棉纤维由于年代比较久远，大部分受损，但局部仍保留了明显的棉纤维特征。

4．灰浆检测小结

瑞光塔内部墙面灰浆检测发现主要病害有表面抹灰大面积空鼓剥落，墙面灰浆裂隙，灰浆风化粉化掉落，墙灰表面人为刻画等。贯入强度检测发现各层、各个朝向灰浆的强度相差不大。灰浆的主要成分是碳酸钙；少数灰浆样品如R-7和R-24含有大量的石英，说明这两个样品掺砂量比较大；部分灰浆样品含有石膏，应是酸性气体侵蚀的产物。灰浆中有机添加物检测可知，半数以上的灰浆样品掺加了有机添加物，其中掺加蛋白质和桐油的样品较多，仅检测到一个掺加淀粉的样品。灰浆中纤维显微截面检测发现抹灰中添加有稻秸秆纤维（稻草）及棉花纤维。 瑞光塔内部红色墙面的制作工艺为在砖上涂抹一层抹面灰浆，然后直接涂抹红色颜料修饰墙面。红色颜料的主要成分是铁红，深红色颜料中可能添加有炭黑，浅红色颜料中添加有碳酸钙等调色物质。由于历史上多次维修，如今瑞光塔内部各种灰浆的具体年代已经难以考证，但以上检测结果起码能大致揭示瑞光塔灰浆的传统制作工艺。

（四）塔体内部彩绘检测

瑞光塔是佛教圣地，内部墙面曾被涂抹成红色以突显庄重的气氛。通过制作彩绘样品的横截面，可以清晰地了解到瑞光塔内部彩绘各层的结构分布，从而了解传统墙面制作工艺。

样品R-40-3的灰浆呈紫红色，灰浆之上有一层红色颜料层，最外层为灰色，可能是后期修缮过程中涂抹的抹面灰浆，红色颜料层的厚度约为80μm～100μm。样品R-40-1的灰浆呈白色，灰浆表面不平整，灰浆之上有一层红色颜料层，该层的厚度为70μm～100μm。样品R-38-2的灰浆呈白色，表面较平整，红色颜料层的厚度约为50μm。由以上结果可知，瑞光塔内部墙面的制作工艺为在砖上涂抹一层抹面灰浆，然后直接涂抹红色颜料，以修饰墙面。上述三个样品红色颜料的扫描电镜能谱检测结果如附表33～35所示。

附表33　　　　　　　　　　样品R-40-3红色颜料SE米-EDS检测结果

Elt.	Line	Intensity（c/s）	Atomic %	Atomic Ratio	Conc	Units	Error 2-sig	
C	Ka	176.45	51.139	1.5981	30.606	wt.%	0.922	
O	Ka	140.47	32.000	1.0000	25.512	wt.%	0.844	
米g	Ka	2.91	0.160	0.0050	0.194	wt.%	0.137	
Al	Ka	16.76	0.753	0.0235	1.012	wt.%	0.160	
Si	Ka	26.67	1.065	0.0333	1.491	wt.%	0.162	
S	Ka	14.78	0.549	0.0171	0.877	wt.%	0.147	
Cl	Ka	11.07	0.408	0.0127	0.721	wt.%	0.149	
Ca	Ka	56.04	2.258	0.0706	4.510	wt.%	0.261	
Fe	Ka	119.04	10.188	0.3184	28.352	wt.%	0.992	
Zr	La	38.38	1.480	0.0462	6.726	wt.%	0.552	
			100.000		100.000	wt.%		Total

附表34　　　　　　　　　　样品R-40-1红色颜料 SEM-EDS 检测结果

Elt.	Line	Intensity (c/s)	Atomic %	Atomic Ratio	Conc	Units	Error 2-sig	
C	Ka	123.10	51.332	1.7688	32.232	wt.%	1.149	
O	Ka	112.52	29.021	1.0000	24.275	wt.%	0.893	
米g	Ka	1.78	0.096	0.0033	0.121	wt.%	0.133	
Al	Ka	38.40	1.716	0.0591	2.421	wt.%	0.194	
Si	Ka	191.59	7.932	0.2733	11.646	wt.%	0.332	
S	Ka	21.54	0.898	0.0309	1.505	wt.%	0.182	
Cl	Ka	3.97	0.164	0.0056	0.303	wt.%	0.152	
Ca	Ka	22.67	1.011	0.0348	2.119	wt.%	0.217	
Fe	Ka	69.33	6.469	0.2229	18.886	wt.%	0.870	
Zr	La	30.46	1.361	0.0469	6.491	wt.%	0.620	
			100.000		100.000	wt.%		Total

附表35　　　　　　　　　　样品R-38-2红色颜料 SEM-EDS 检测结果

Elt.	Line	Intensity (c/s)	Atomic %	Atomic Ratio	Conc	Units	Error 2-sig	
C	Ka	97.05	25.168	0.4949	14.629	wt.%	0.578	
O	Ka	141.80	50.850	1.0000	39.374	wt.%	1.258	
米g	Ka	4.21	0.204	0.0040	0.241	wt.%	0.119	
Al	Ka	17.99	0.731	0.0144	0.955	wt.%	0.140	
Si	Ka	124.45	4.591	0.0903	6.240	wt.%	0.230	
Cl	Ka	4.39	0.156	0.0031	0.267	wt.%	0.122	
Ca	Ka	417.78	17.168	0.3376	33.299	wt.%	0.610	
Zr	La	32.35	1.131	0.0222	4.995	wt.%	0.458	
			100.000		100.000	wt.%		Total

　　结果显示，这三个样品的红色颜料中都含有较大量的C和O元素，其中R-40-1和R-40-3分别含有6.5%和10.2%的Fe元素，说明这两个红色颜料样品的主要显色成分为铁红。样品中大量的C元素可能是颜料中含有的炭黑。从照片可以看出，这两种红色颜料呈暗红色，颜料中含有炭黑的可能性较大。样品R-38-2未检测出Fe元素，可能是含量较少，低于仪器检测限。该样品中检测出大量的C、O、Si、Ca元素，推测是添加了白色含钙含硅物质，使该颜料呈现浅红色。

（五）结论

　　通过对苏州瑞光塔的现场检测和实验室分析可以得出如下结论。

　　第一，瑞光塔内墙砖砌体基本"保持原状"，主要病害有砂浆流失、砖块风化、砌体开裂和人为取样破坏等。

第二，通过对塔内墙砖砌体回弹强度、粗糙度、湿度、表面硬度检测数据分析，塔内墙体可能存在较大问题的是第一层和第七层。第七层的主要问题是湿度较高和墙体材料强度较低，原因可能是塔顶部的微小渗漏，或者朝北窗口的飘雨，或者以前潮湿积水未消散等，需要进一步寻找原因。第一层的主要问题是砖砌体的强度较低，原因可能是砖砌体内存在裂隙、空鼓，或者灰浆缺失，或者后期修补材料强度不够等，这些都值得进一步探讨并找出原因。

第三，对塔内墙砖的取样检测表明，砖的主要成分为黏土类矿物，包括石英、长石和云母等物质；砖表面风化产物主要是石膏，结晶颗粒较大。砖的物理性质检测表明，相对于一般青砖，瑞光塔砖块样品密度较小，吸水率和显孔隙率较大，毛细吸水系数较高，说明塔内墙砖存在一定程度的风化。砖表面风化产物主要成分为硫酸钙，应是酸性气体侵蚀的结果。

第四，瑞光塔外部墙面和塔檐近年来已进行过修缮，外墙涂料整体覆盖完好。现场检测结果显示，第六层湿度较高，各层墙面硬度差距不大。从方位上看，不同朝向湿度和墙面硬度均相差不大。

第五，瑞光塔内部墙面基本保持原状，除一些裂隙修补外，整体上没有大的修缮涂覆干扰。墙面灰浆存在大片空鼓、粉化、脱落和裂隙等病害。从砌筑灰浆的贯入强度检测可知，各层灰浆的强度较为接近，其中第七层相对较低。从方位上看，南面强度较高，东北面强度较低。

第六，灰浆的实验室检测表明，瑞光塔内部墙面灰浆主要成分为碳酸钙，部分灰浆中存在石英等砂的成分，同时发现有硫酸钙等风化产物。超过一半的灰浆样品中检测出含有传统有机添加物，主要有蛋白质、油脂和少量的淀粉。说明瑞光塔在修建和历次维修中可能使用过蛋清灰浆、桐油灰浆和糯米灰浆。另外，检测还发现瑞光塔的抹面灰浆中掺有稻秸秆纤维，细泥层混有棉纤维。这些都与中国古代典型传统工艺相吻合，建议在以后塔体内部的维修时注意传统材料的维护、保养和兼容性修复。

第七，瑞光塔内部墙面历经多次修缮，基本制作工艺是砖砌体表面涂抹抹面灰浆，然后涂刷红色颜料。红色颜料层的厚度在$50\mu m \sim 100\mu m$之间，主要显色成分是铁红，部分红色颜料中可能掺加了用于调色的炭黑。

第八，在参与各方的共同努力下，完成了对瑞光塔本体材料首次取样检测工作。由于认识程度和水平限制，仅从单次检测结果还难以得到比较深入的解读，若能够在未来不断地定期观察和检测，通过大量数据的积累和比较，对认识和预测瑞光塔本体材料的劣化速率及开展预防性保护必将会起到重要的作用。

实测图

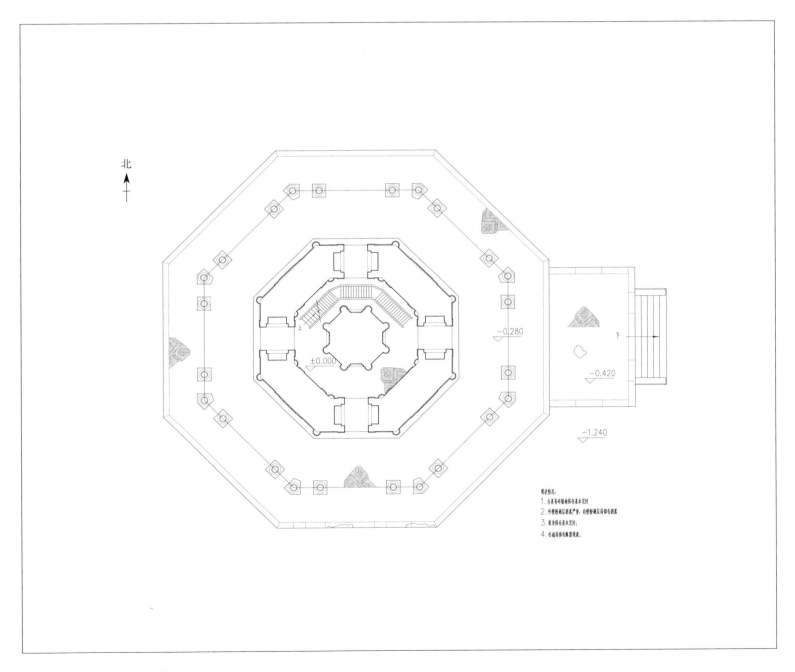

北

±0.000

−0.280

−0.420

−1.240

现状情况：
1. 台基青砖铺地保存基本完好
2. 外壁粉刷层剥落严重，内壁粉刷层局部剥落
3. 塔身保存基本完好
4. 柱础局部有酥碱现象

一　瑞光塔一层平面图

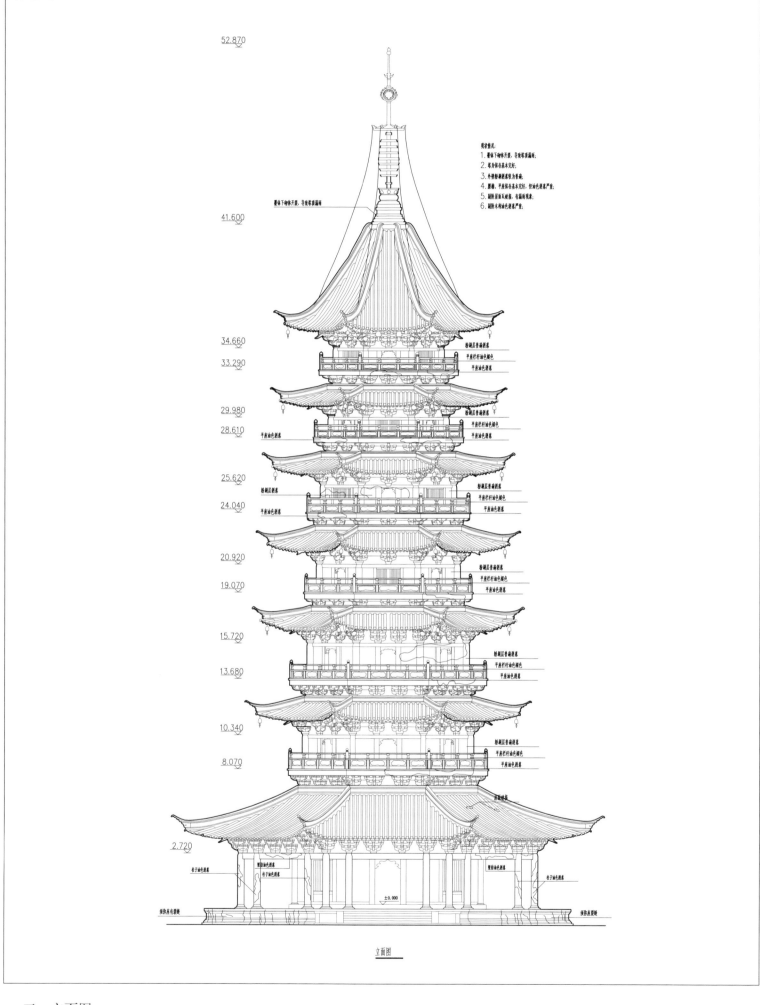

立面图

二　立面图

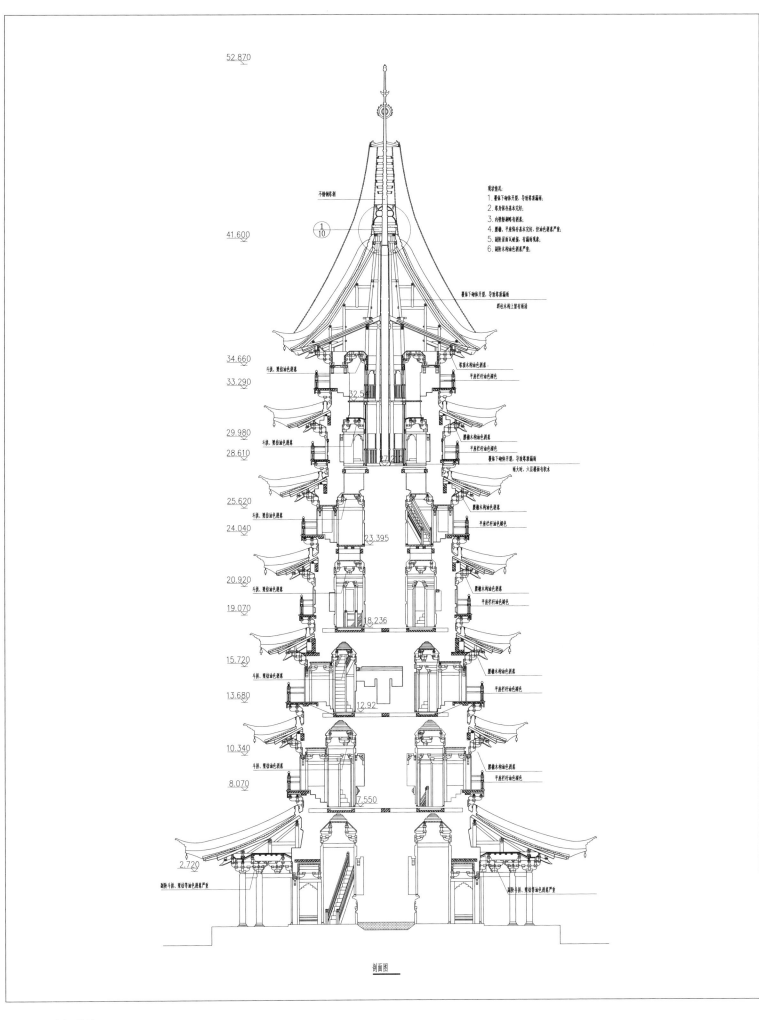

三 剖面图

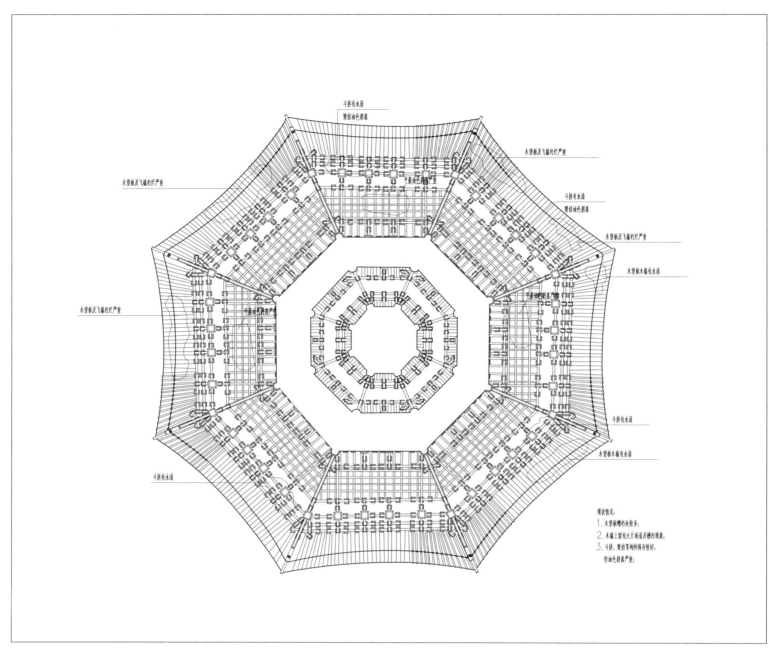

四　副阶仰视图

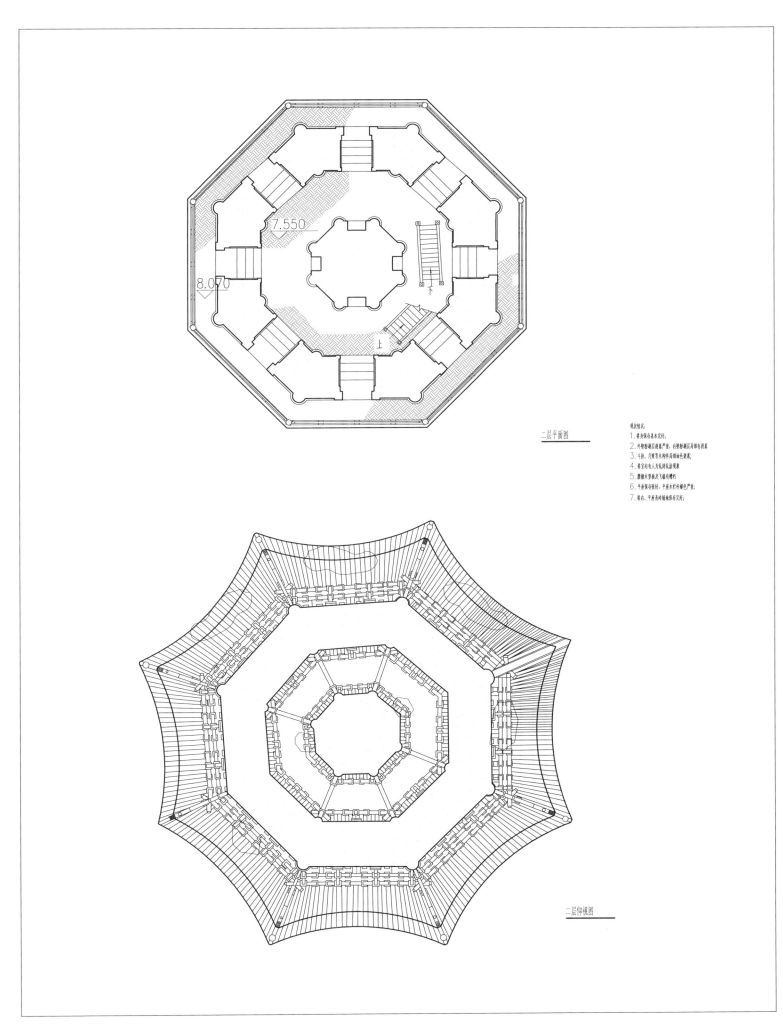

7.550

8.070

二层平面图

现状情况:
1. 塔身保存基本完好;
2. 外墙粉刷瓦剥蚀严重, 内墙粉刷瓦局部有剥落
3. 斗拱、月梁等木构件局部油色剥落;
4. 塔室内有人为瓦制乱涂现象;
5. 翼椽木望板及飞檐有糟朽;
6. 平座保存较好, 平座木栏杆褪色严重;
7. 塔内、平座青砖铺地保存完好;

二层仰视图

五　二层平面图、仰视图

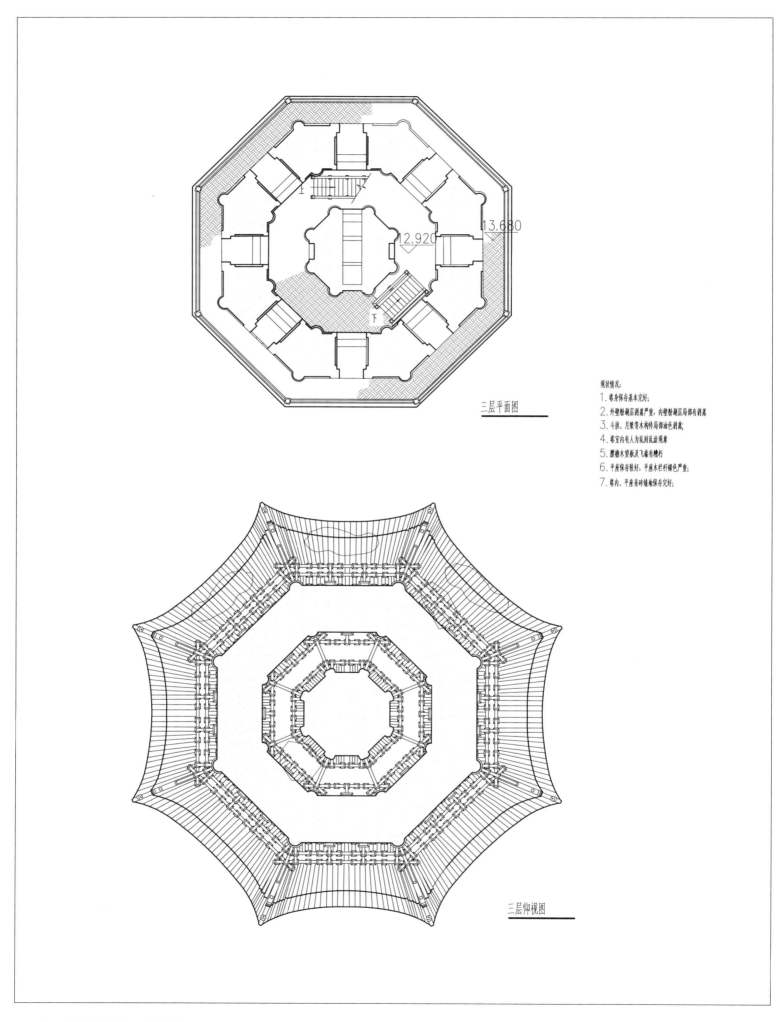

12.920　13.680

三层平面图

现状情况：
1. 塔身保存基本完好；
2. 外壁粉刷层剥落严重，内壁粉刷层局部有剥落；
3. 斗栱、月梁等木构件局部油色剥落；
4. 塔室内有人为乱刻乱涂现象；
5. 腰檐木望板及飞椽有糟朽；
6. 平座保存较好，平座木栏杆褪色严重；
7. 塔内、平座青砖铺地保存完好；

三层仰视图

六　三层平面图、仰视图

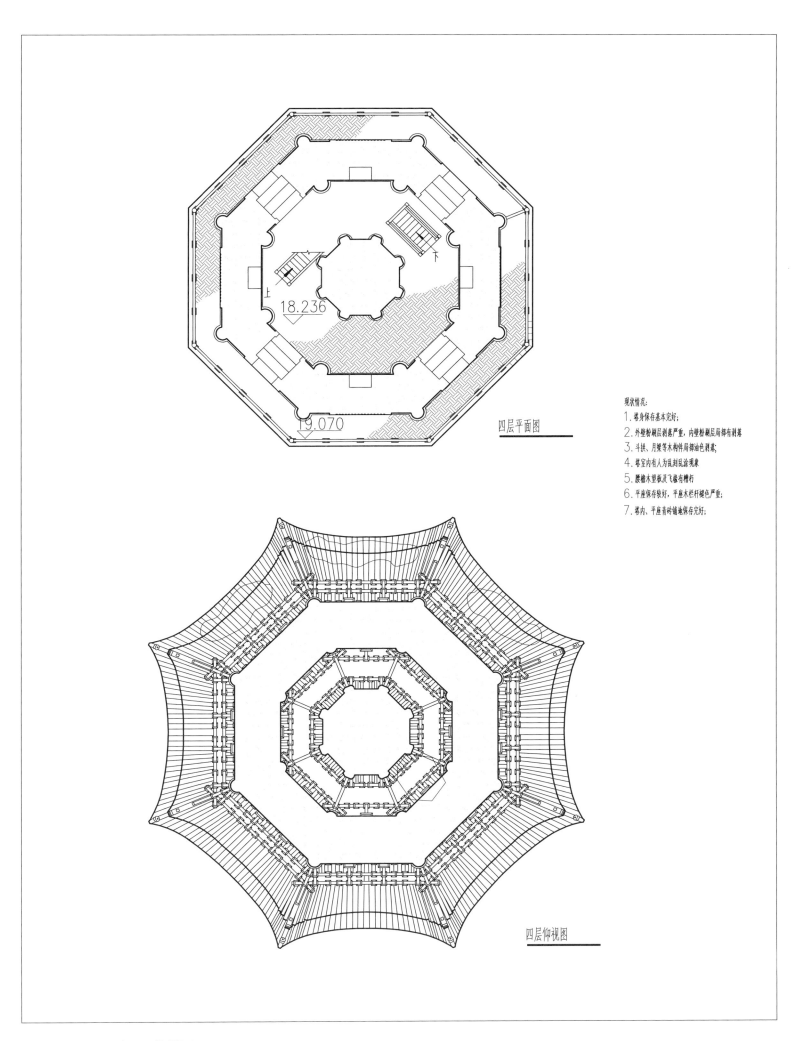

18.236

19.070

四层平面图

现状情况:
1.塔身保存基本完好;
2.外壁粉刷层剥落严重,内壁粉刷层局部有剥落
3.斗拱、月梁等木构件局部油色剥落;
4.塔室内有人为乱刻乱涂现象;
5.腰檐木望板及飞椽有糟朽
6.平座保存较好,平座木栏杆褪色严重;
7.塔内、平座青砖铺地保存完好;

四层仰视图

七 四层平面图、仰视图

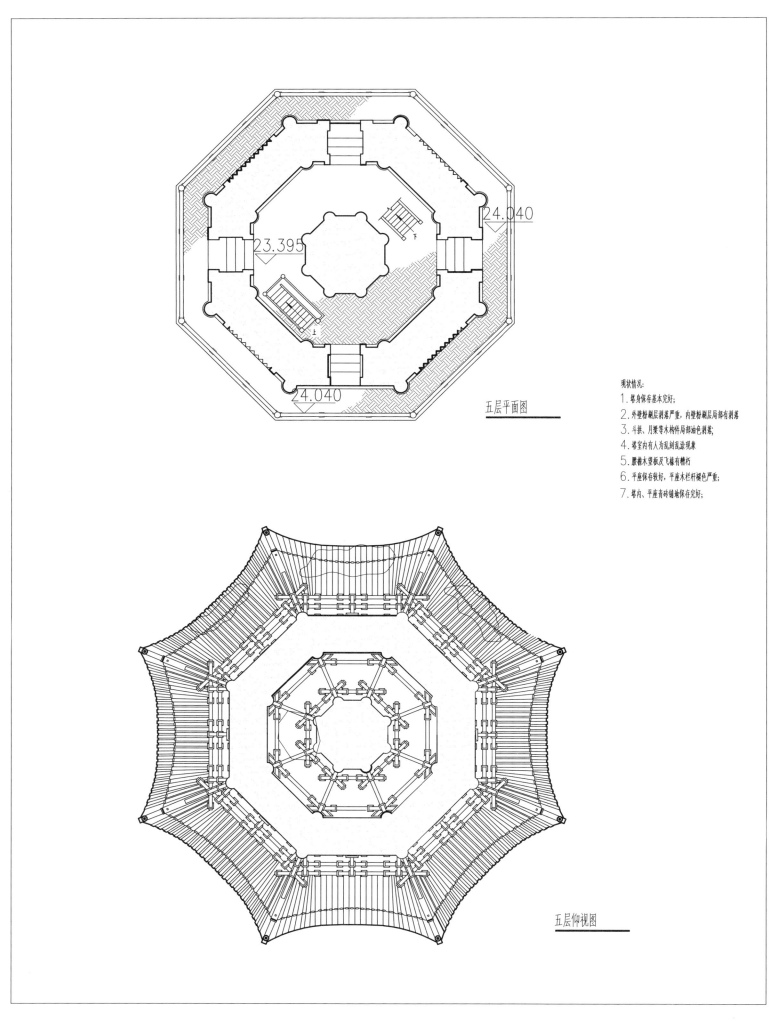

24.040

23.395

24.040

五层平面图

现状情况:
1. 塔身保存基本完好;
2. 外壁粉刷层剥落严重,内壁粉刷层局部有剥落
3. 斗拱、月梁等木构件局部油色剥落;
4. 塔室内有人为乱封乱涂现象
5. 腰檐木望板及飞椽有糟朽
6. 平座保存较好,平座木栏杆褪色严重;
7. 塔内、平座青砖铺地保存完好;

五层仰视图

八 五层平面图、仰视图

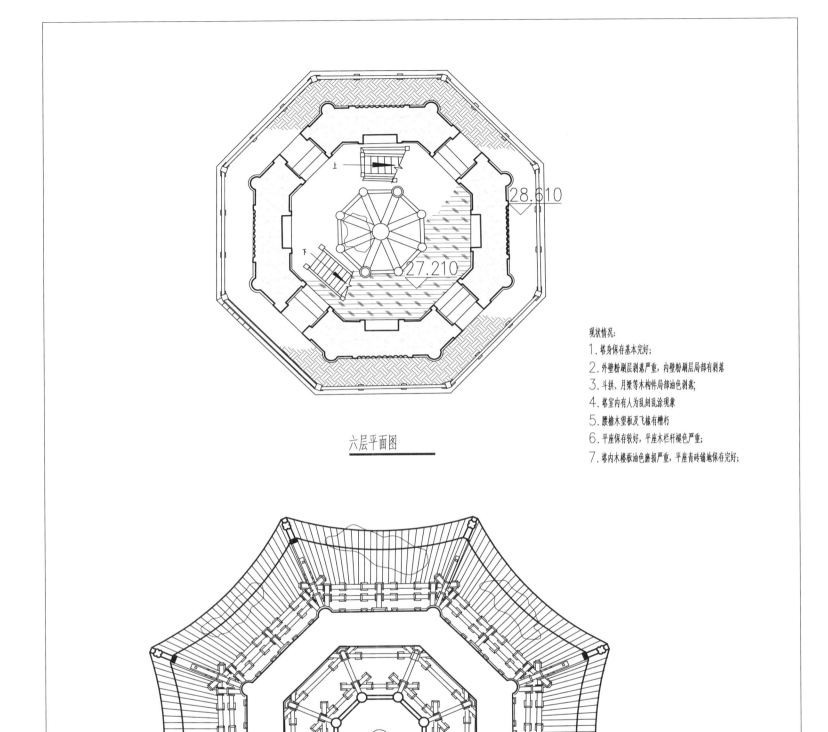

28.610

27.210

六层平面图

现状情况:

1. 塔身保存基本完好;

2. 外壁粉刷层剥落严重,内壁粉刷层局部有剥落

3. 斗拱、月梁等木构件局部油色剥蚀;

4. 塔室内有人为乱刻乱涂现象

5. 腰檐木望板及飞椽有糟朽

6. 平座保存较好,平座木栏杆褪色严重;

7. 塔内木楼板油色磨损严重,平座青砖铺地保存完好;

六层仰视图

九 六层平面图、仰视图

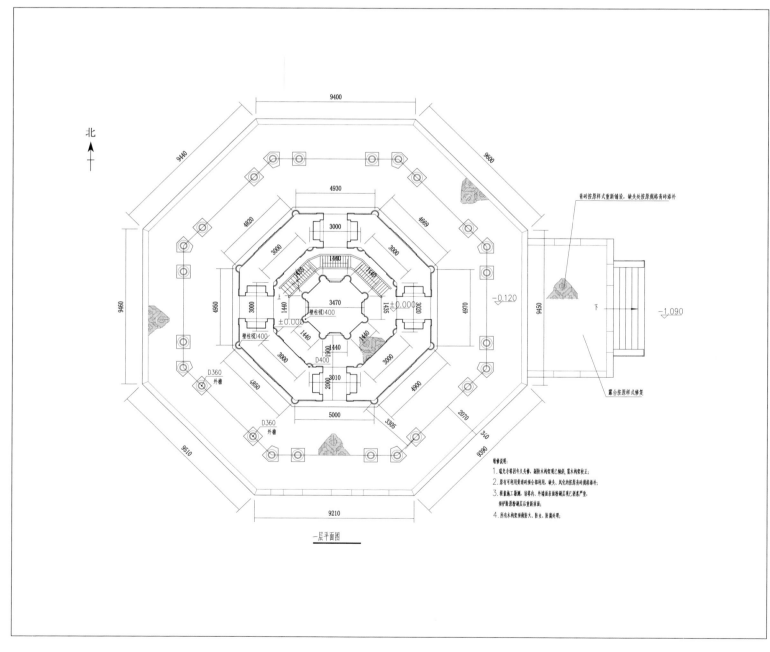

北

9400

9440

9600

4930

4820

4660

3000

3000

3000

3000

1440

1440

1440

3470

壁柱砖D400

±0.000

±0.008

3020

4960

3000

D400

1440

1440

1440

4070

−0.120

青砖按原样式重新铺设, 缺失处按原规格青砖添补

4960

−1.090

露台按原样式修复

9610

5000

3305

2070

340

9390

D360
外檐

4860

D360
外檐

D400

2000

3010

9210

一层平面图

修缮说明：
1. 瑞光寺塔四年大火修, 凝筋木构变现已倾斜, 筑木构变校正；
2. 原有可利用青砖砌体全部利用, 缺失、风化的原有青砖规格添补；
3. 保置施工墙面, 诸墙内, 外墙面去新砌墙层现已损坏严重, 保护墙层粉刷藏层后设新墙面；
4. 所有木构变增做防火、防虫、防腐处理；

一〇 施工一层平面图

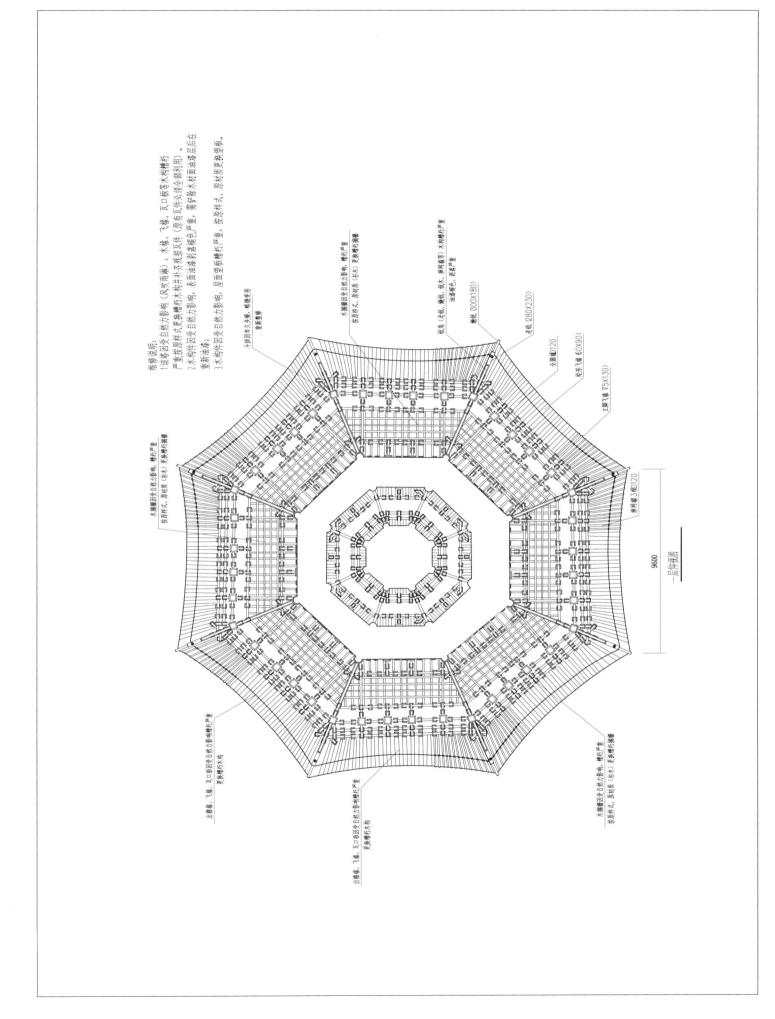

一层仰视图

维修说明:
1.该塔因受自然力影响(风吹雨淋)、木椽、飞椽、瓦口等木构糟朽严重,按原样式更换槽朽木构并扫刷次损瓦件(原有瓦件次损换色严重,需铲除瓦件次损换色部分利用)。
2.木构件因受自然力影响,表面油漆脱落硬色严重,需铲除木材面油漆层后在重新油漆。
3.木构件因受自然力影响,屋面望板糟朽严重,按原样式,原材质更换望板。

出椽缘、飞缘、瓦口因受自然力影响槽朽严重
按原样式,原材质(杉木)更换椽构件

出椽缘、飞缘、瓦口因受自然力影响槽朽严重
灵泉椽朽木构

木椽因受自然力影响,槽朽严重
按原样式,原材质(杉木)更换椽构件糟朽

半圆年久木椽、蛟微支剂
室軒重脊

木椽因受自然力影响,槽朽严重
按原样式,原材质(杉木)更换椽构件糟朽

锐角(老角、嫩角、松木、嫩网盖等)木椽朽严重
油漆棕色,棕总严重

嫩椽(300X180)

老椽(280X230)

全圆椽120

转带飞椽(60X90)

主椽飞椽(75X130)

神网椽3咖120

9600

一层仰视图

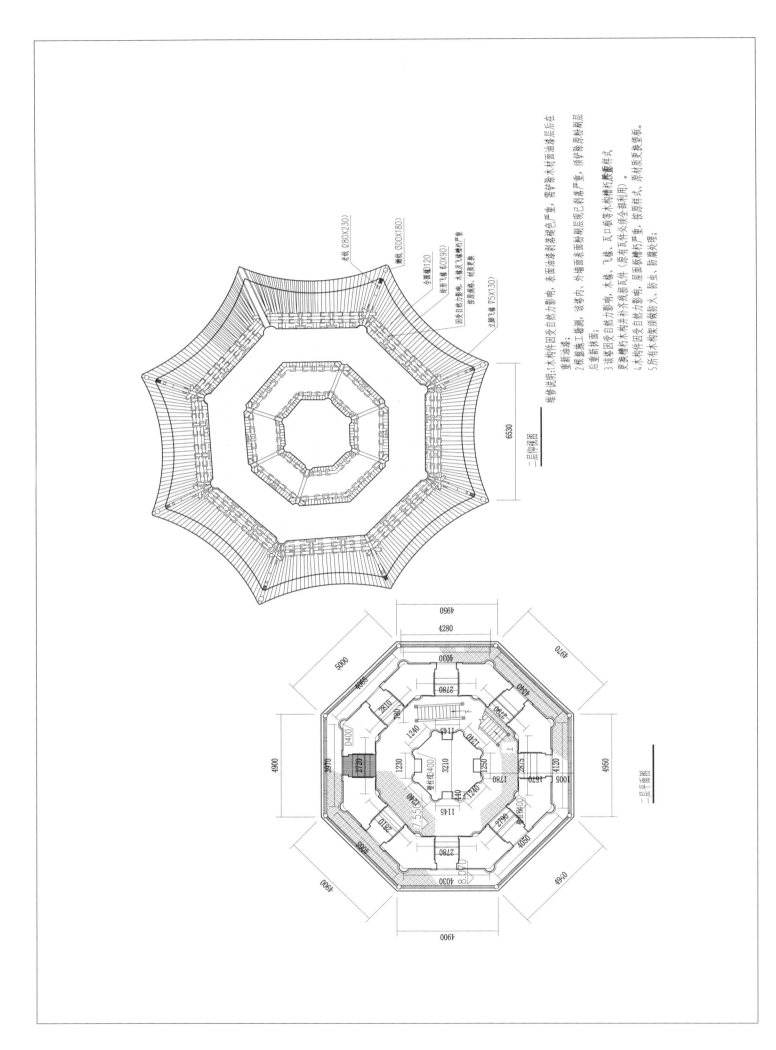

维修说明:1.木构件因受自然力影响,表面油漆褪色严重,需铲除木材面油漆层后在重新油漆;

2.根据塔施工堪测,该塔内、外椽内、外檐面面料构层现已剥落严重,须铲除原始料构层后重新抹面;

3.该塔因受自然力影响,木樑、飞椽、反口板等木构槽有损,原有反件斗拱须全部利用。更换糟朽木构并补不齐损残严重,屋面底板拆除严重,按原样式。

4.木构件因受自然力影响,屋面瓦槽朽重,按原样式,原材质更换望板。

5.所有木构架须做防火、防虫,防腐处理;

老椒 Q80X230)

嫩椒 (500X180)

全圆椒120

形飞椒 60X90)

立脚飞椒 (75X130)

因受自然力影响,木樑及飞椒材质朽重 按原样换,材质取类

二层仰视图

6630

二层平面图

二 二层平面图、仰视图

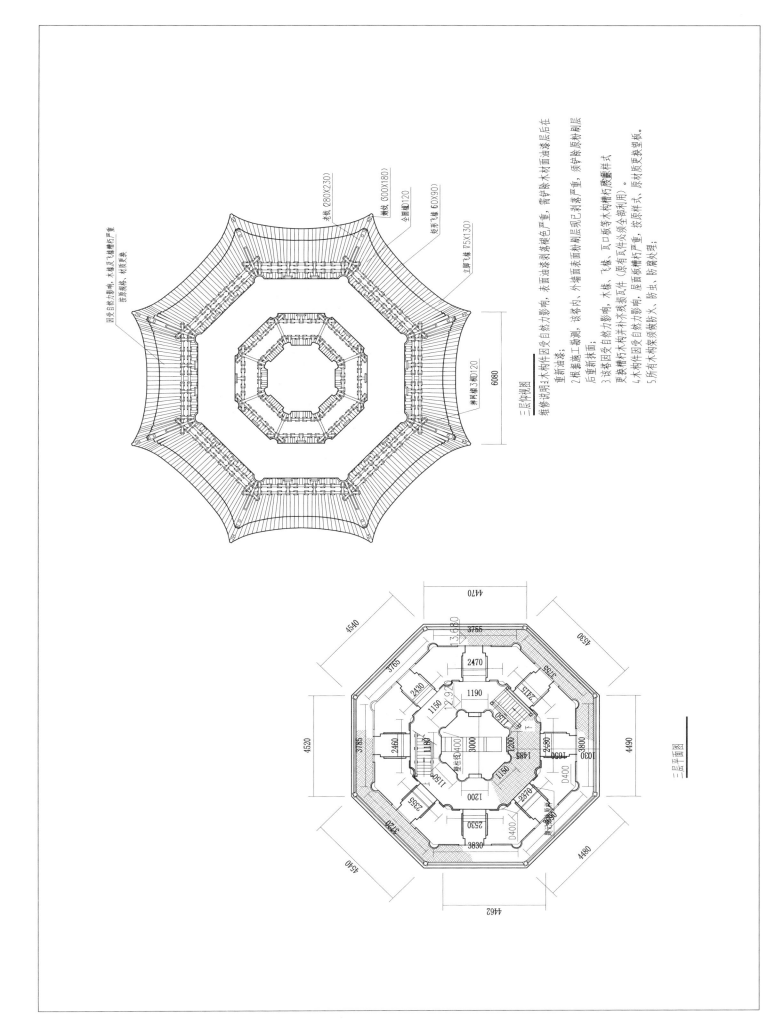

三层仰视图

老戗 280X230）

椽板 300X180）

全檐椽120

榪形飞椽 75X130）

立脚飞椽 60X90）

神网板 3椽口120

6080

因受自然力影响，木根及飞椽椎朽严重
应重点检查，材质更换

维修说明：1木构件因受自然力影响，表面油漆剥落褪色严重，需铲除木材面油漆层后在
重新油漆；
2根据施工现场面，该塔内、外墙面粉刷层现已剥落严重，须铲除原粉刷层
后重新抹面；
3该卷因受自然力影响，木椽、飞椽（原有木构糟朽严重，按原样式
更换糟朽木构并补齐残损瓦件（原有瓦件须全部利用）。
4木构件因受自然力影响，屋面瓦糟朽严重，按原样式，原材质更换望板。
5所有木构架须做防火、防虫、防腐处理；

三层平面图

三层平面图、仰视图

一三 三层平面图、仰视图

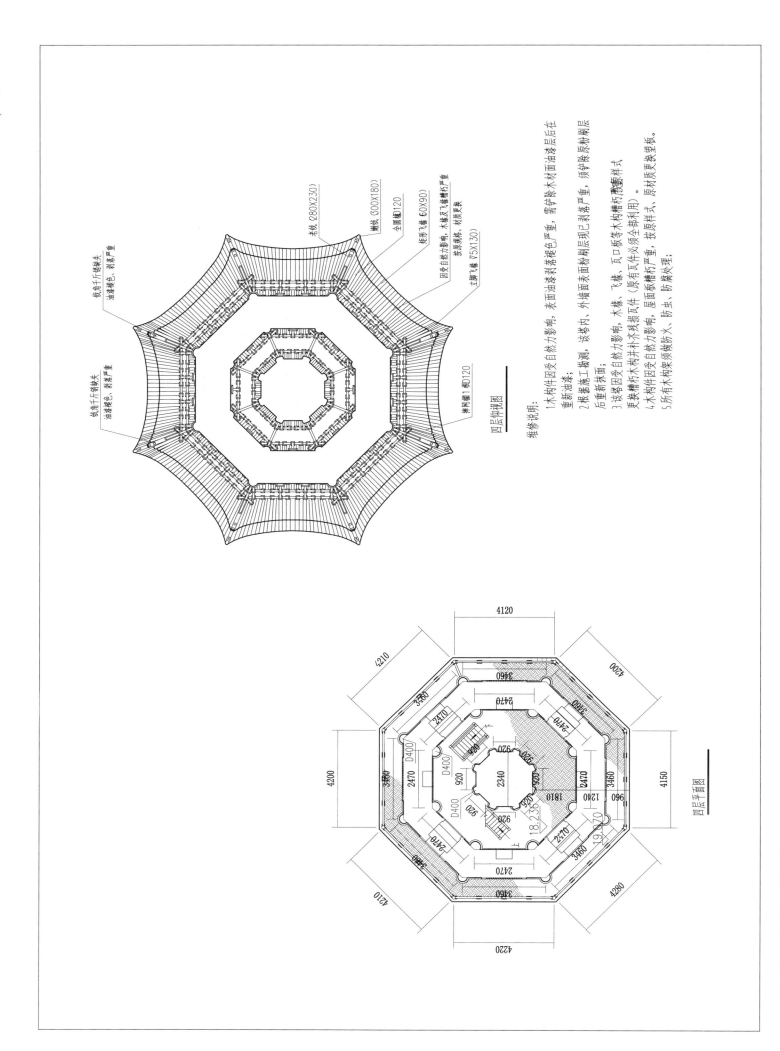

四层仰视图

老枚（280X230）
嫩枚（300X180）
金桁120
枯枝飞椽 60X90）
按原爰椽 材质更换
因受自然力影响，木椽天飞椽枯朽严重
立脚飞椽（75X130）

铁角千斤锼缺夫 油漆褪色，剥落严重
铁角千斤锼缺夫 油漆褪色，剥落严重
博风椽1桷D120

维修说明：
1.木构件因受自然力影响，表面油漆剥落褪硬色严重。需铲除木材面油漆后在重新油漆;
2.根据施工勘测，该卷内、外墙面粉刷层见已剥落，须铲除原料刷层后重新抹面。
3.该卷因受自然力影响，木椽、飞椽及瓦件残损严重，瓦口板等构件（原有瓦件须全部利用）更换糟朽木构并补齐残损瓦件，屋面板糟朽严重，按原瓦椽杆形重新样式
4.木构件因受自然力影响，所有木构架须做防火、防虫、防腐处理;
5.所有木构件因受自然力影响须换板，原材质更换垫板。

四层平面图

一四　四层平面图、仰视图

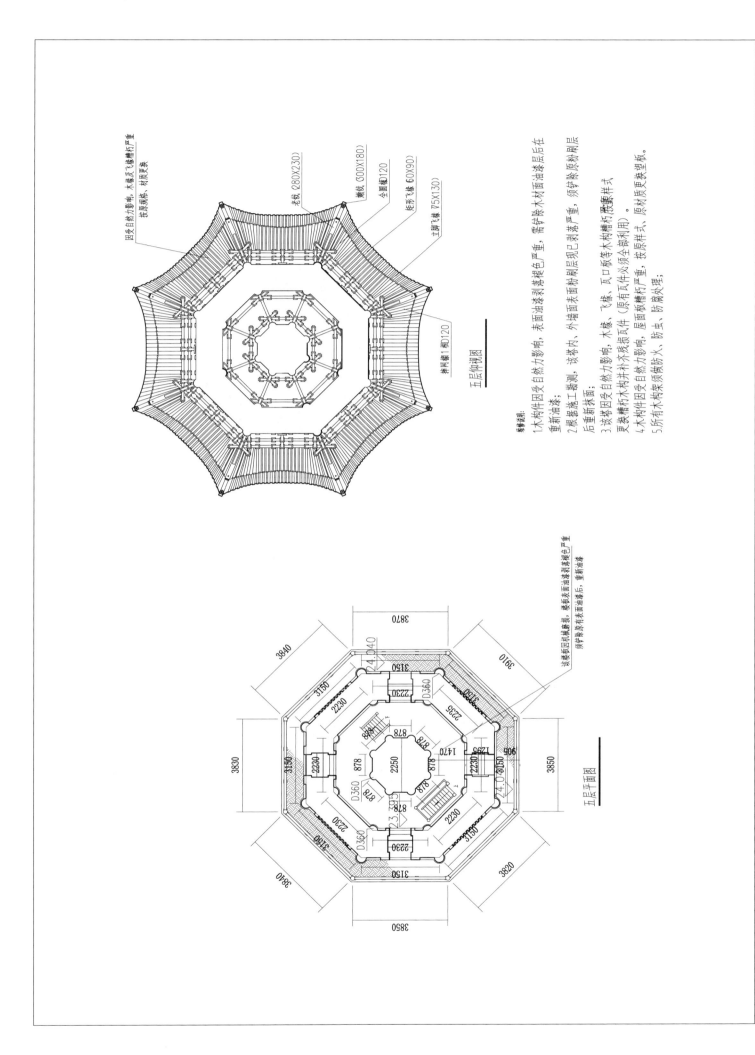

四处自然力影响,木基天棚飞椽析折严重 按原规格、材质更换

老板（280×230）

椽板（300×180）

金圆椽120

枋形飞椽（75×130）

立脚飞椽

五层仰视图

搏脊檩1椰120

设计说明：
1.木构件因受自然力影响,表面油漆裰褪色严重,需铲除木材面油漆层后在重新油漆；
2.根据施工勘测,该塔内、外墙面表面粉刷层现已剥落严重,须铲除原粉刷层后重新抹面；
3.该塔因受自然力影响,木椽、飞椽、瓦口板等木构件木构槽朽严重更换槽朽木构件并补齐木残损瓦件（原有瓦件须全部利用）,按原样式；
4.木构件因受自然力影响,屋面板槽朽严重,按原样式,原材质更换塑板。
5.所有木构件须做防火、防虫、防腐处理。

该塔因积棋霉损,感表面黄油漆涂褪色严重 须铲除原有表面黄油漆后,重新油漆

五层平面图

一五 五层平面图、仰视图

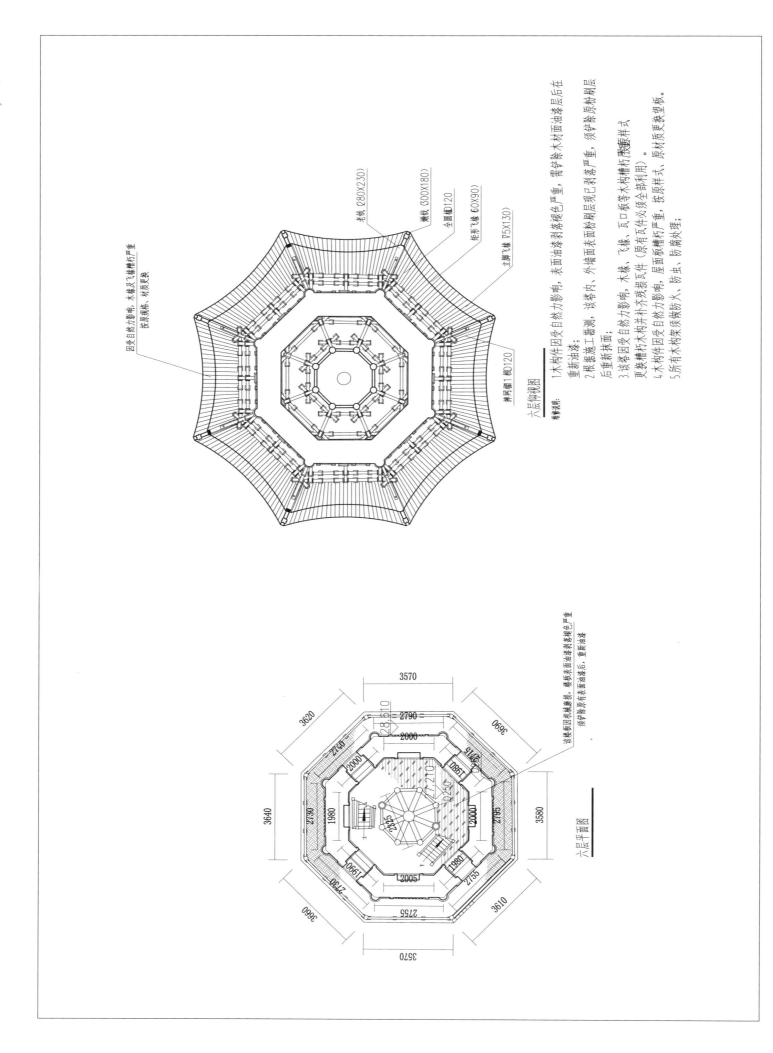

六层仰视图

六层平面图

六、六层平面图、仰视图

因受自然力影响，木檐及飞椽折断严重　按原样格、材质更换

毛板 Ø280X230)
椽栿 (300X180)
全圆廊120
枕形飞椽 60X90)
立脚飞椽 75X130)
擀网椽1 和120

该楼板因积极磨损，楼板表面重油漆剥落褪色严重　须铲除原有表面油漆层后、重新油漆

说明：
1.木构件因受自然力影响，表面油漆剥落褪色严重，需铲除木材面油漆层后在重新油漆。
2.根据施工勘测，该塔内、外墙面表面粉刷层现已剥落严重，须铲除原粉刷层后重新抹面；
3.该塔因受自然力影响并补齐残损瓦件（原有瓦件次须全部利用）。更换糟朽木构件至不残损瓦件、木椽、飞椽、瓦口板等木构糟朽/残损样式，
4.木构件因受自然力影响，屋面板糟朽严重，按原样式，原材质更换望板。
5.所有木构架须做防火、防虫、防腐处理；

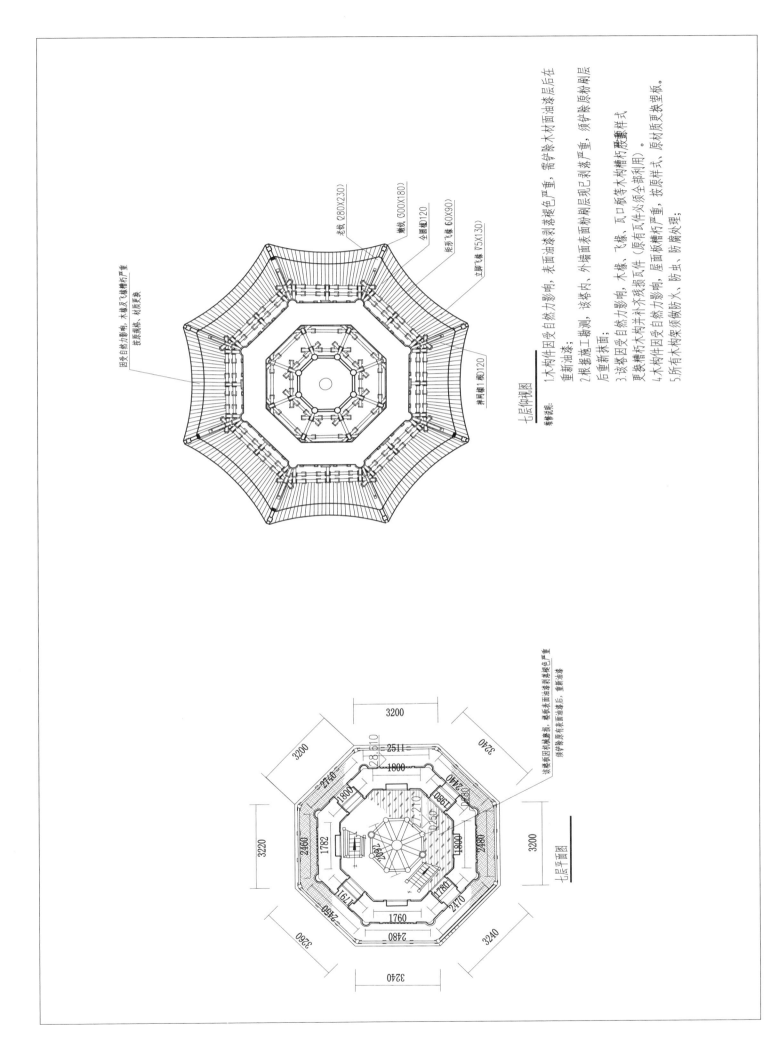

193

七层仰视图

因受自然力影响，木椽及飞椽糟朽严重
故需拆除，材质更换

老椽 Ø280X230
嫩椽 Ø300X180
全圆椽120
椽形飞椽75X130

立脚飞椽 60X90

神阿椽1椒120

七层仰视图
修缮说明：
1.木构件因受自然力影响，表面油漆剥落褪色严重
重新油漆；
2.根据施工勘测，该塔内，外墙面表面粉刷层现已剥落，需铲除木材面油漆涂层后在
后需新抹面；
3.该塔段因受自然力影响，木椽、飞椽、瓦口板等木构槽朽（原有瓦件处须全部利用）
更换槽朽木构并补齐残损瓦件，屋面板槽朽严重，按原样式，原材质更换垫板。
4.木构件架须做防火，防虫、防菌处理；
5.所有木构架须做防火、防虫、防菌处理。

七层平面图

3200

3200

3240

2511
1800

3220

3200

1782

1760

2480

3240

3260

2480

2470

3240

该墙因积垢糟损，表面表面油漆涂漆剥落褪色严重
须铲除原有表面油漆涂后，重新油漆

七层平面图

一七 七层平面图、仰视图

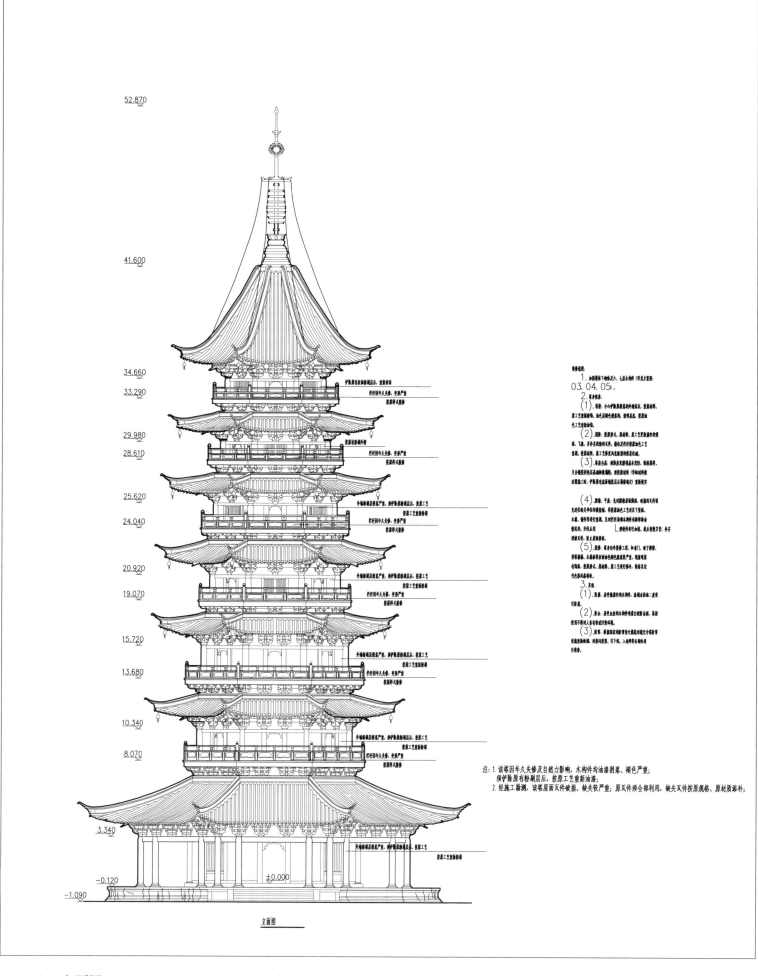

52.870

41.600

34.660

33.290

29.980

28.610

25.620

24.040

20.920

19.070

15.720

13.680

10.340

8.070

3.340

-0.120

±0.000

-1.090

立面图

注：1.该塔因年久失修及自然力影响，木构件均油漆剥落、褪色严重；
须铲除原有粉刷层后，按原工艺重新油漆；
2.经施工勘测，该塔屋面瓦件破损、缺失较严重；原瓦件须全部利用，缺失瓦件按原规格、原材质添补；

一八　立面图

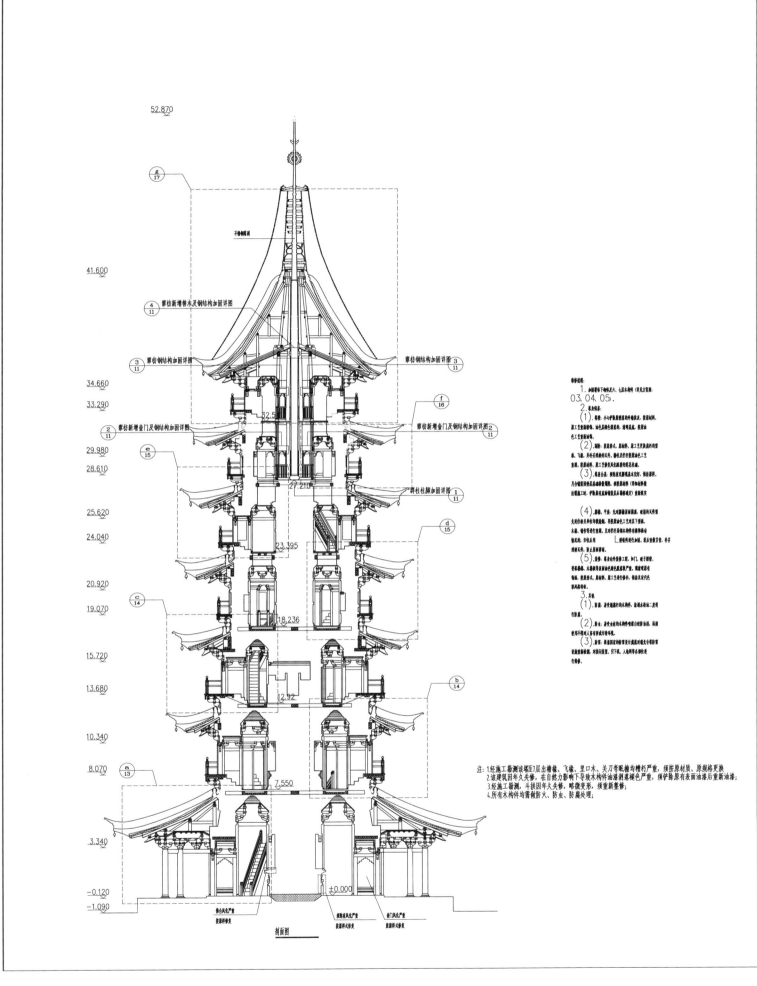

52.870

41.600

34.660
33.290

29.980
28.610

25.620

24.040

20.920

19.070

15.720

13.680

10.340

8.070

3.340

-0.120
-1.090

剖面图

一九　剖面图

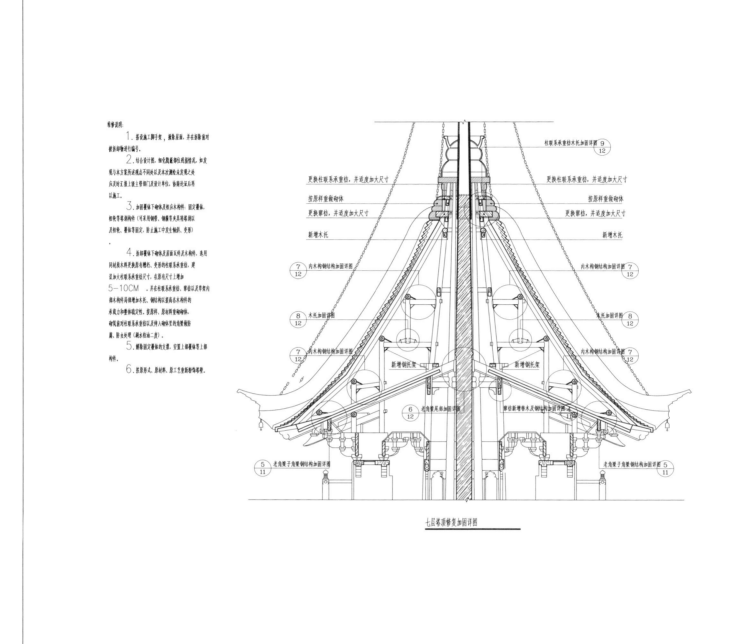

维修说明：

1. 搭设施工脚手架，拆除屋面，并在拆除前对被拆卸物进行编号。

2. 结合设计图，细化隐蔽部位残损情况，如发现与本方案所述观点不同处以及本次测绘未发现之处应及时汇报上级主管部门及设计单位，协商论证后再以施工。

3. 加固覆钵下砌体及相应木构件：固定覆钵，相轮等塔刹构件（可采用钢管、钢箍等夹具将塔刹以及相轮、覆钵等固定，防止施工中发生倾斜、变形）。

4. 拆卸覆钵下砌体及屋面瓦件及木构件，选用同材质木料更换原有糟朽、变形的柱联系承重枋，建议加大柱联系承重枋尺寸，在原有尺寸上增加5-10CM。并在柱联系承重枋、檫枋以及草架内部木构件局部增加木托、钢结构以提高各木构件的承载力和整体稳定性。按原样、原材料重砌砌体，砌筑前对柱联系承重枋以及伸入砌体里的角梁做防腐、防虫处理（刷水柏油二度）。

5. 解除固定覆钵的支撑，安置上部覆钵等上部构件。

6. 按原形式、原材料、原工艺重新粉饰塔壁。

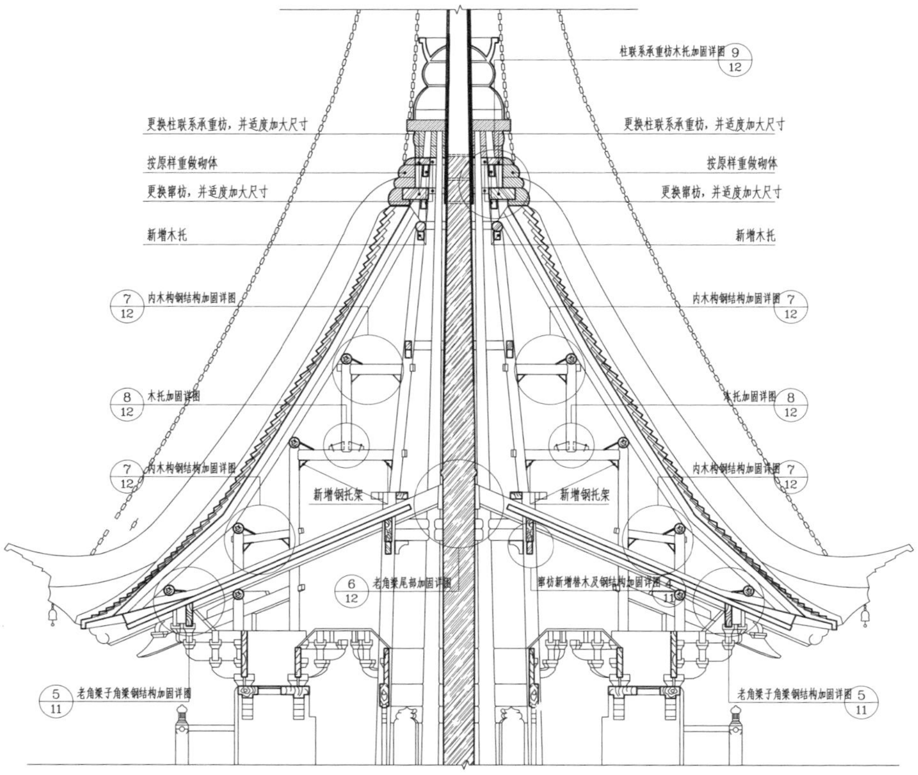
柱联系承重枋木托加固详图 9/12
更换柱联系承重枋，并适度加大尺寸
按原样重做砌体
更换檫枋，并适度加大尺寸
新增木托
内木构钢结构加固详图 7/12
木托加固详图 8/12
内木构钢结构加固详图 7/12
新增钢托架
老角梁尾部加固详图 6/12
檫枋新增替木及钢结构加固详图 4/11
老角梁子角梁钢结构加固详图 5/11

七层塔顶修复加固详图

二〇　七层塔顶修复加固详图

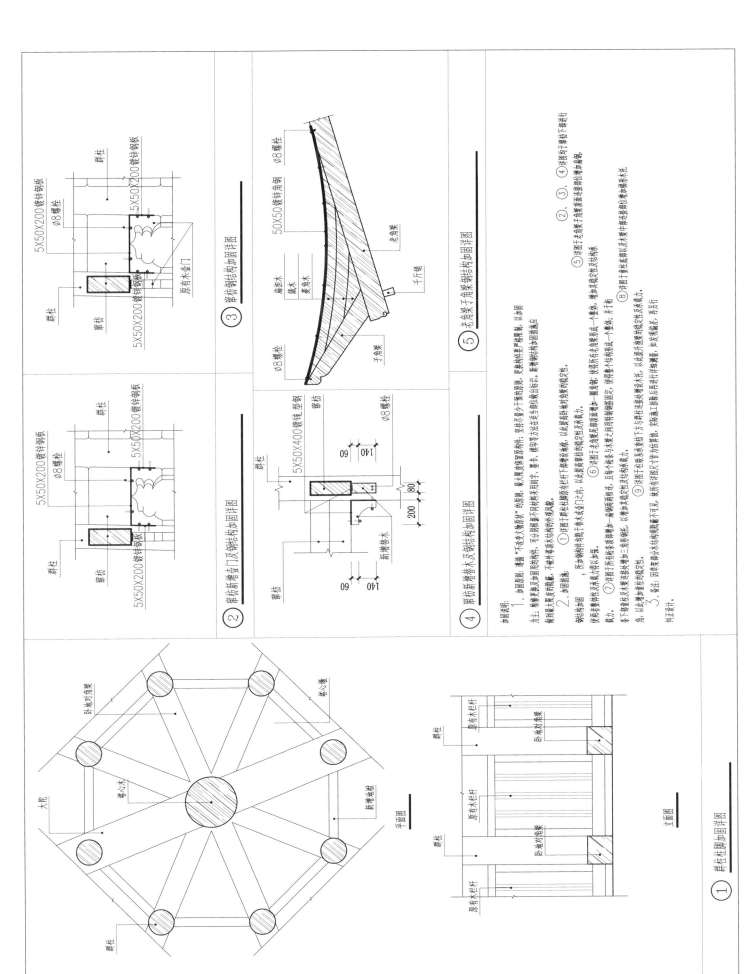

三一 加固详图一

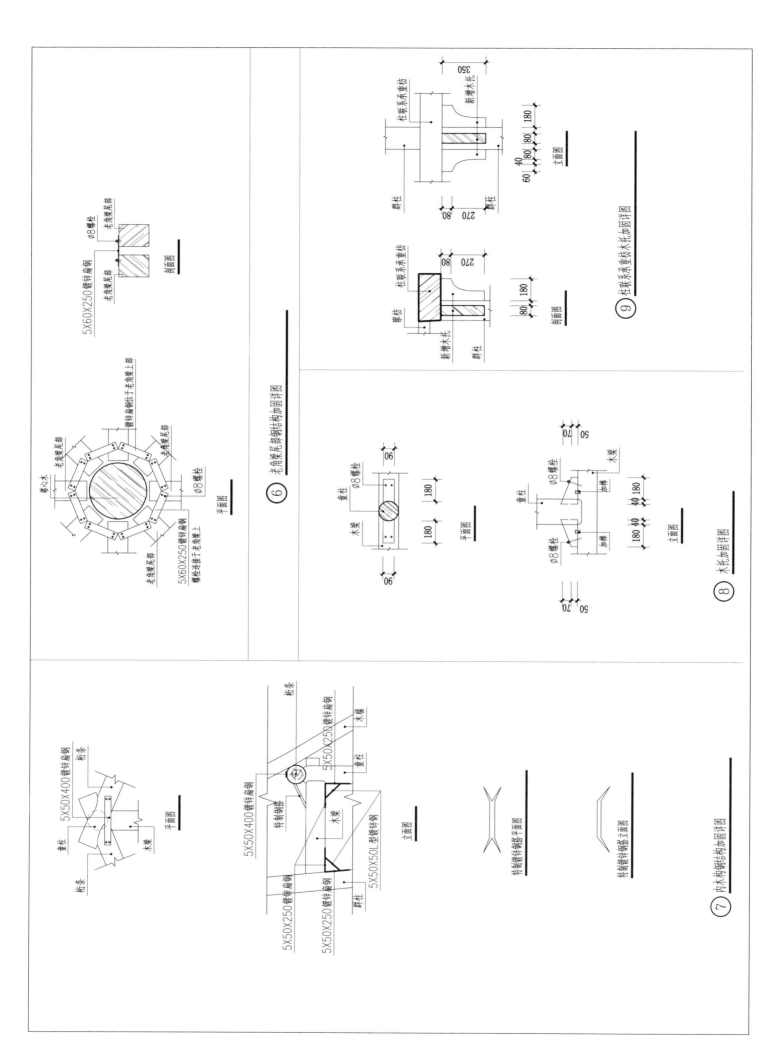

三二 加固详图二

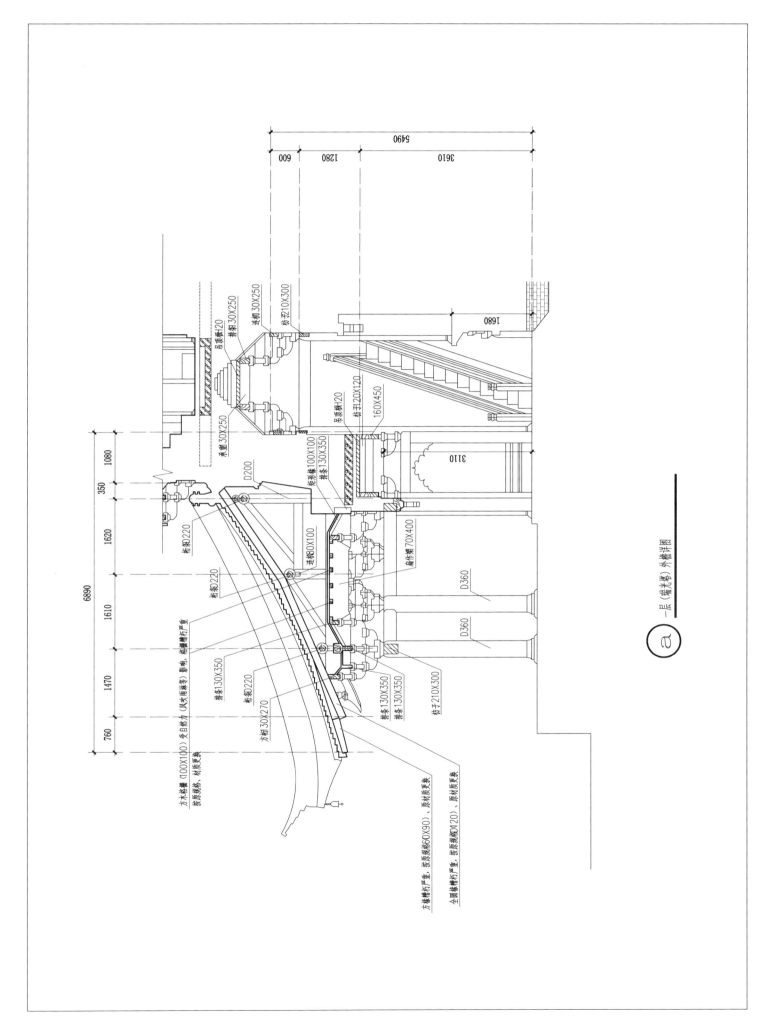

（a）一层（端光春）外檐详图

三三 一层外檐详图

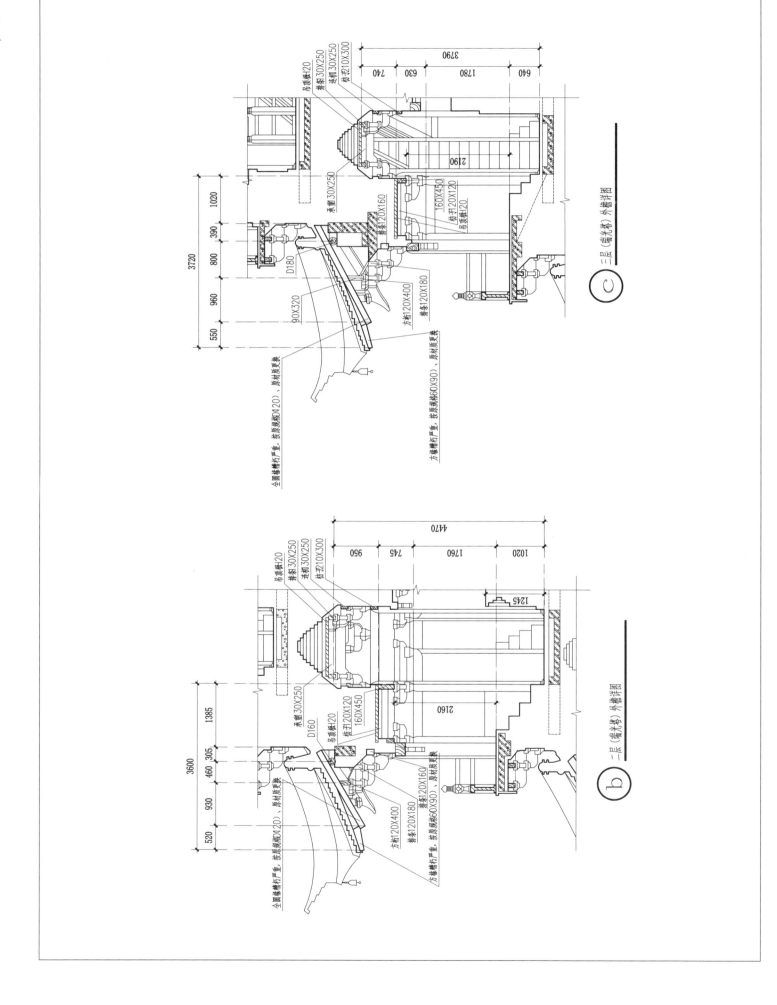

二四 二、三层外檐详图

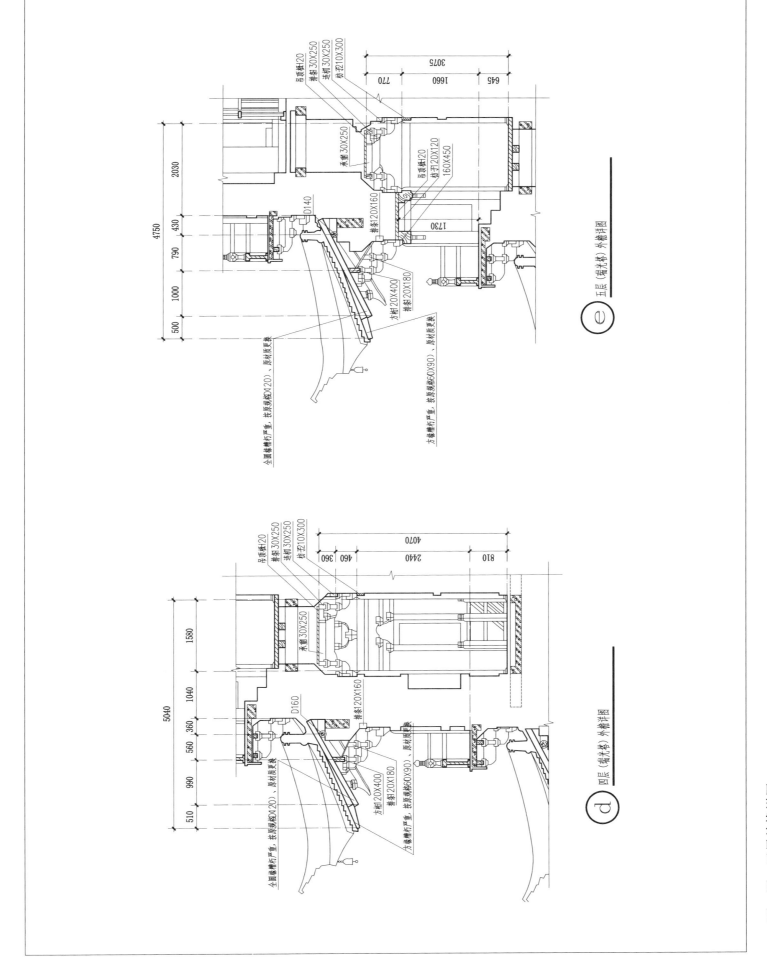

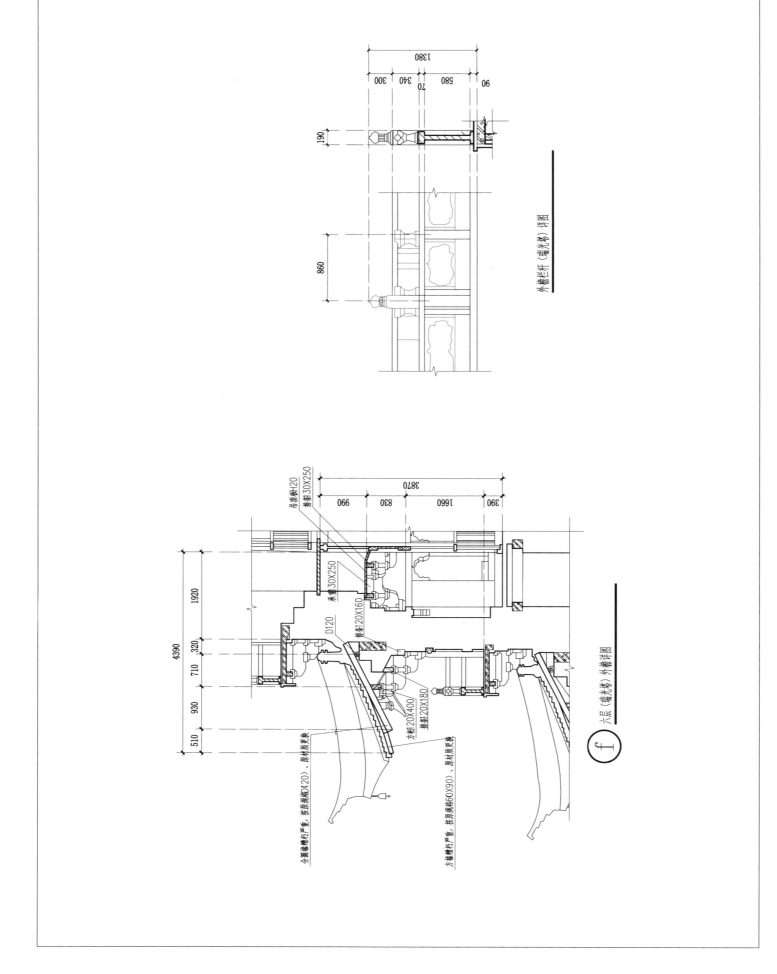

二六 六层外檐、外檐栏杆详图

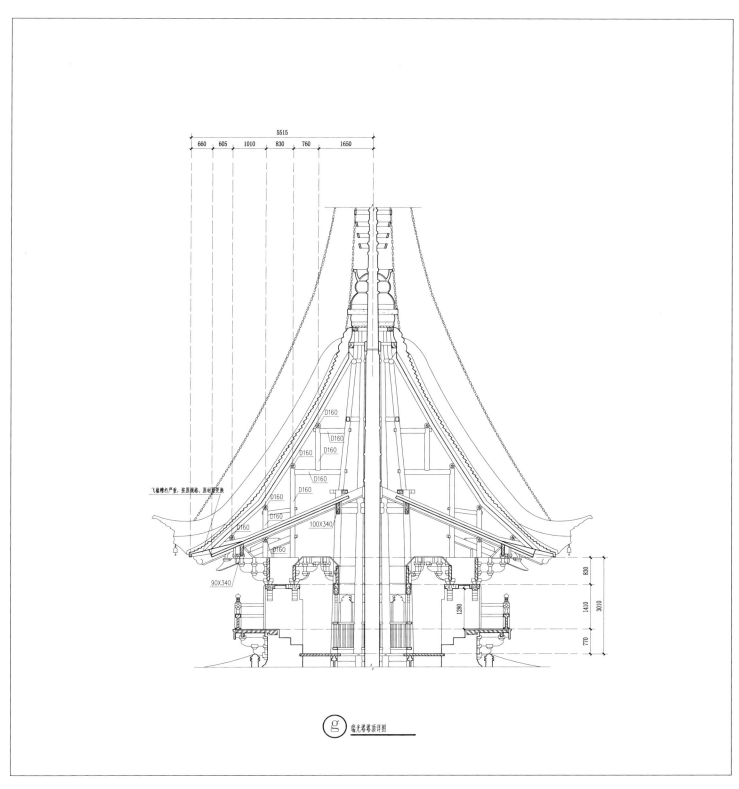

5515

660 605 1010 830 760 1650

D160

D160

D160 D160

D160 D160

D160

飞椽糟朽严重，按原规格、原材料更换 D160

D160 100X340

D160

90X340

830

1410 3010

1280

770

ⓖ 瑞光塔塔顶详图

二七　塔顶详图

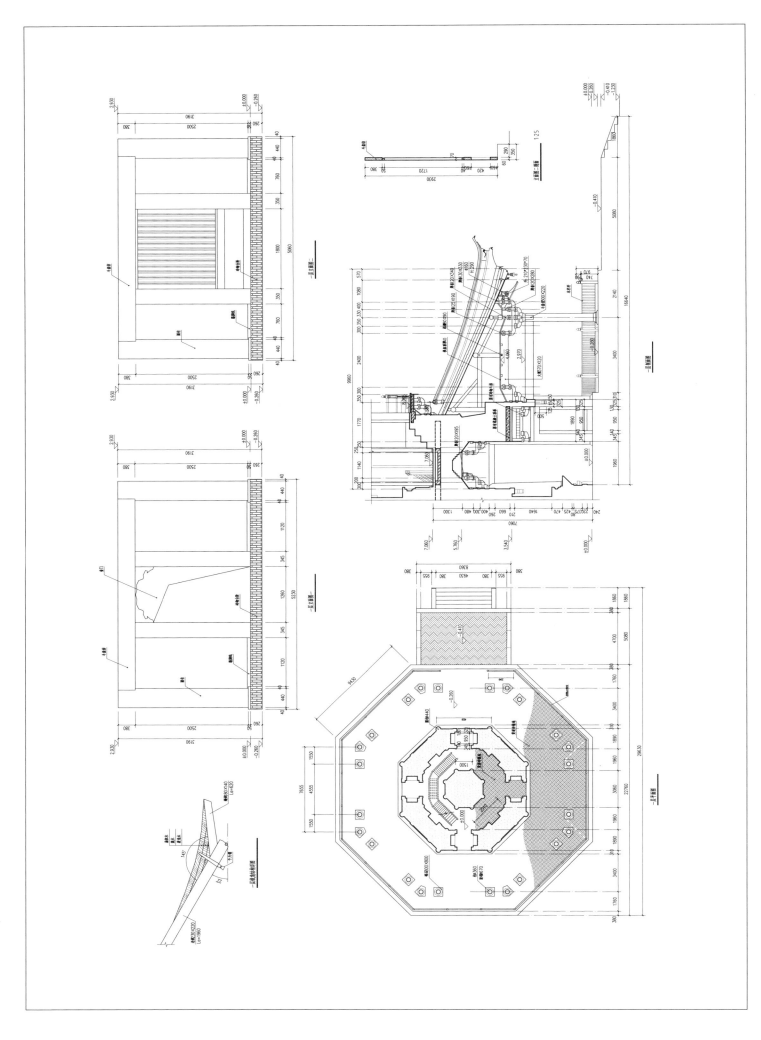

二八 竣工一层平、立、剖面图及一层戗角结构详图

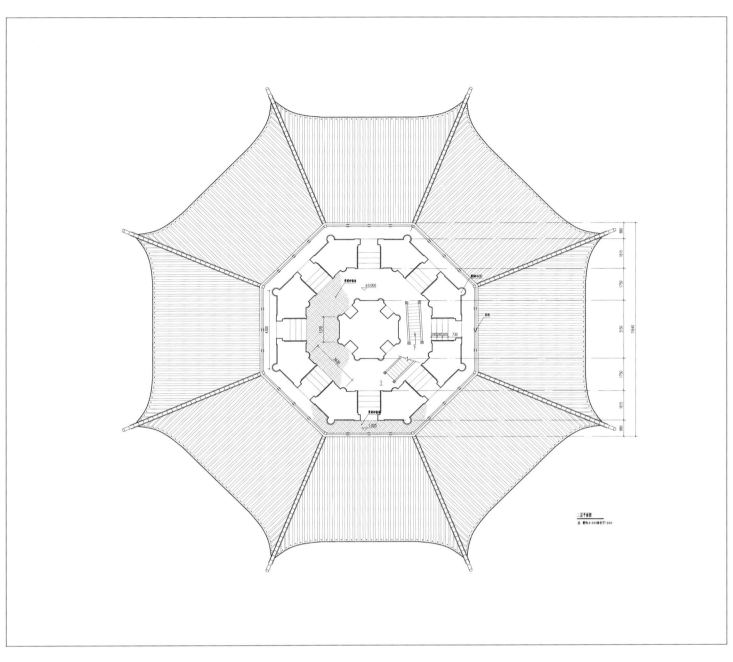

二九　二层平面图

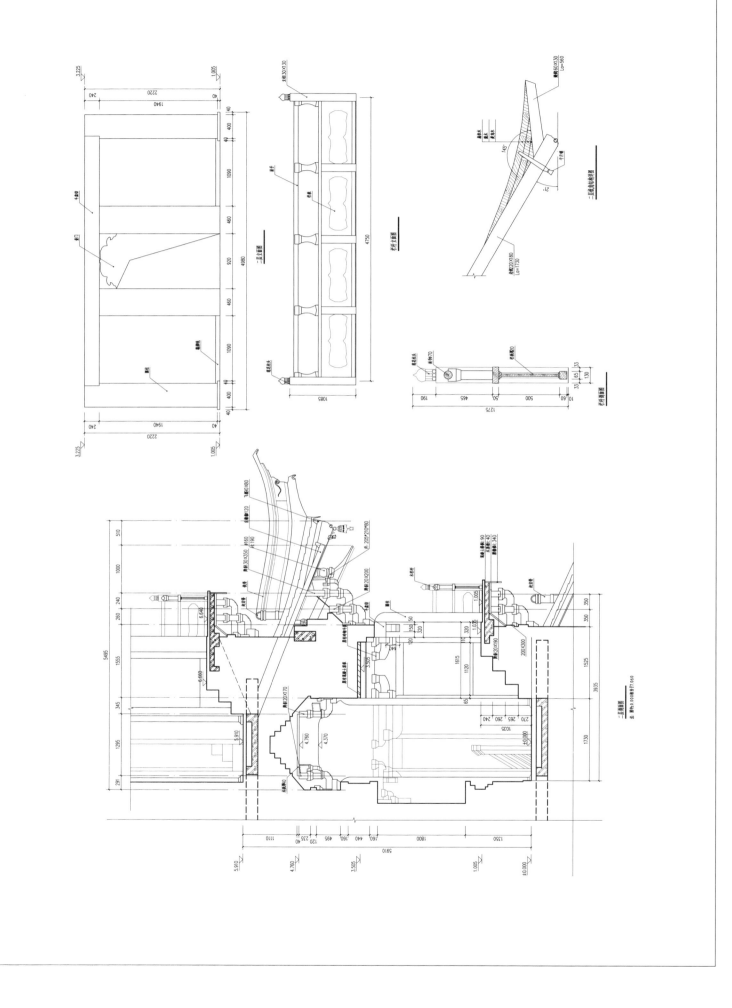

三〇 二层立、剖面图及栏杆、二层戗角结构详图

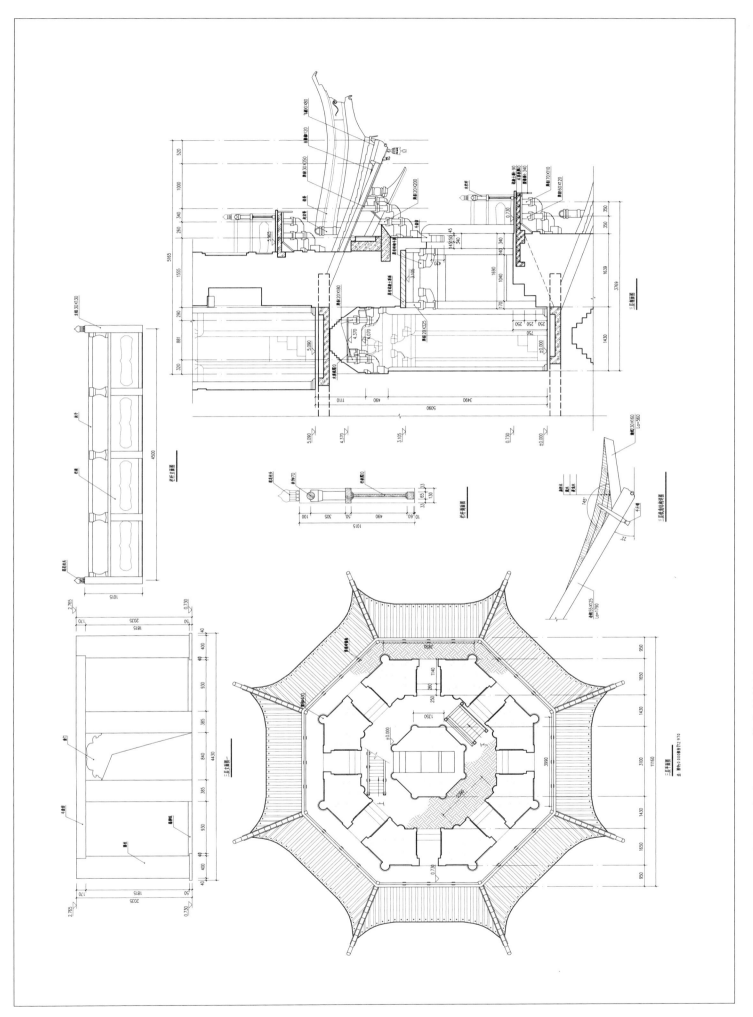

三一 三层平、立、剖面图及栏杆、三层戗角结构详图

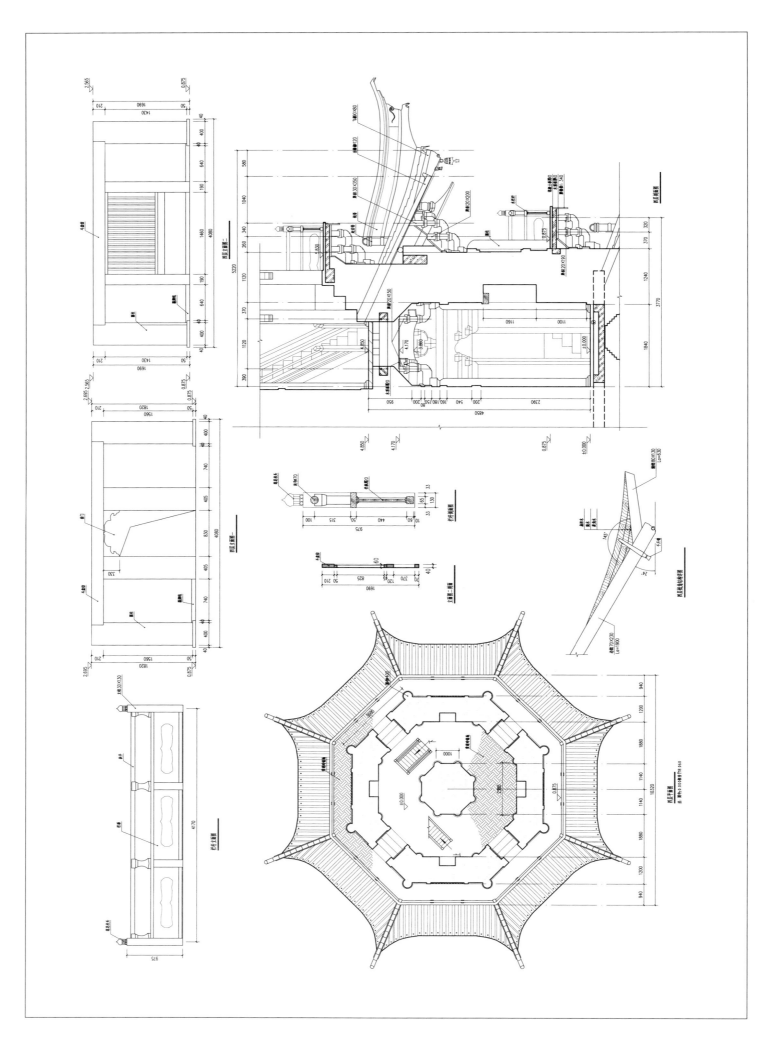

三二　四层平、立、剖面图及栏杆、四层戗角结构详图

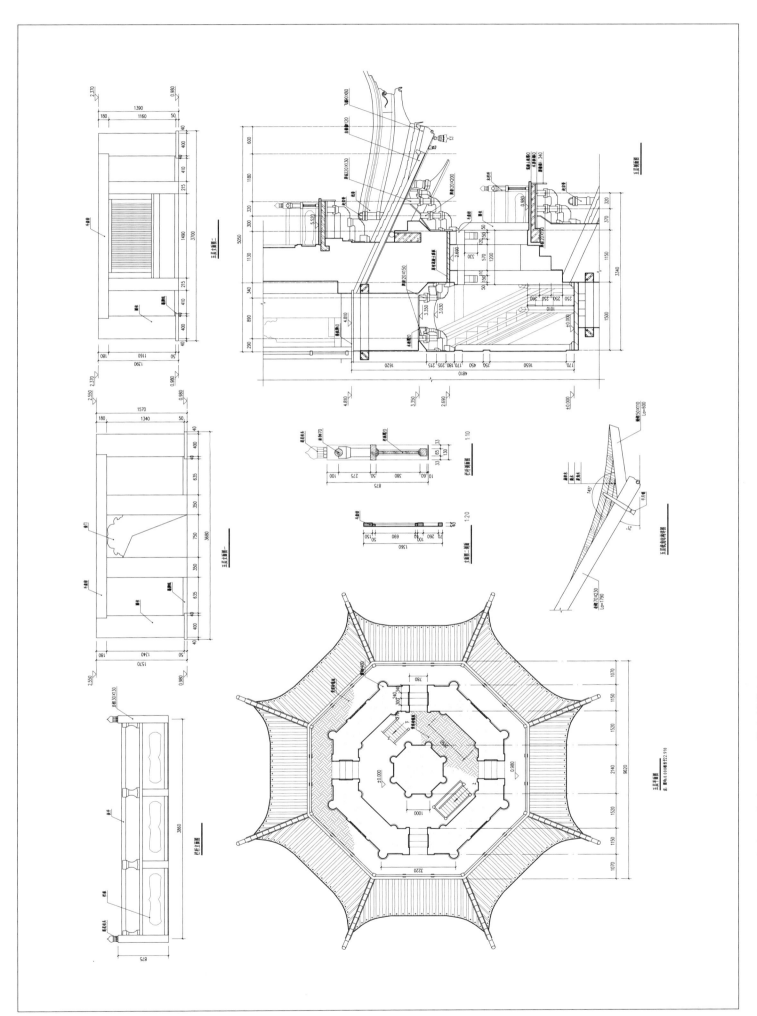

三三　五层平、立、剖面图及栏杆、五层戗角结构详图

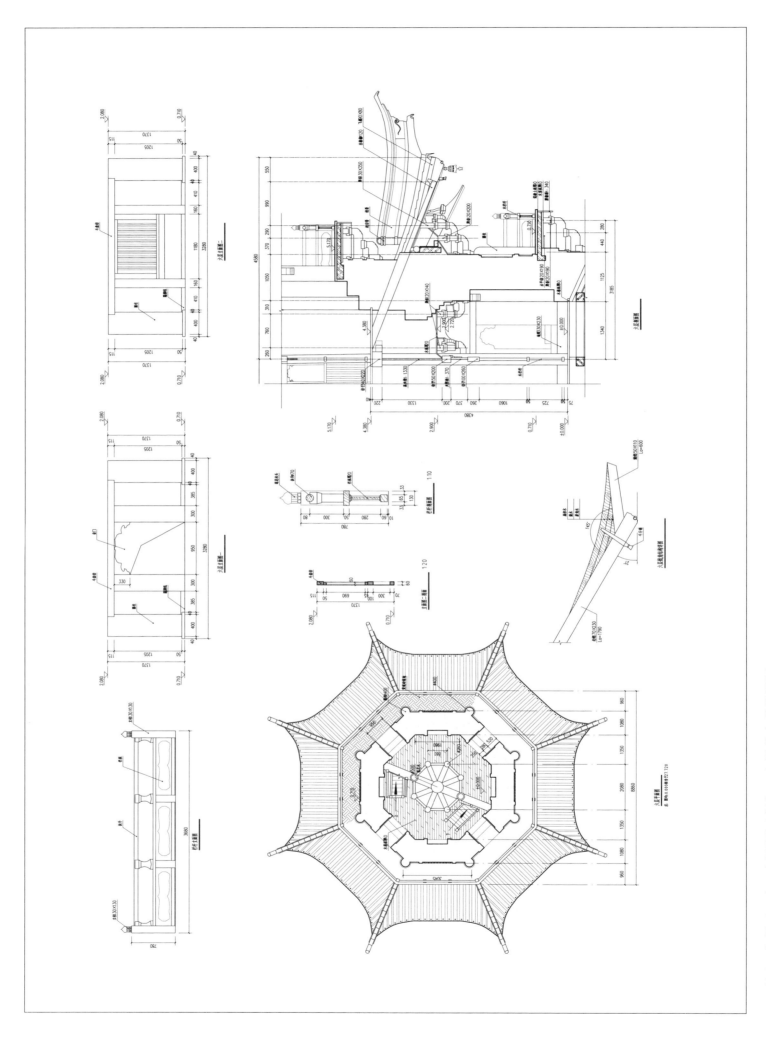

三四 六层平、立、剖面图及栏杆、六层戗角结构详图

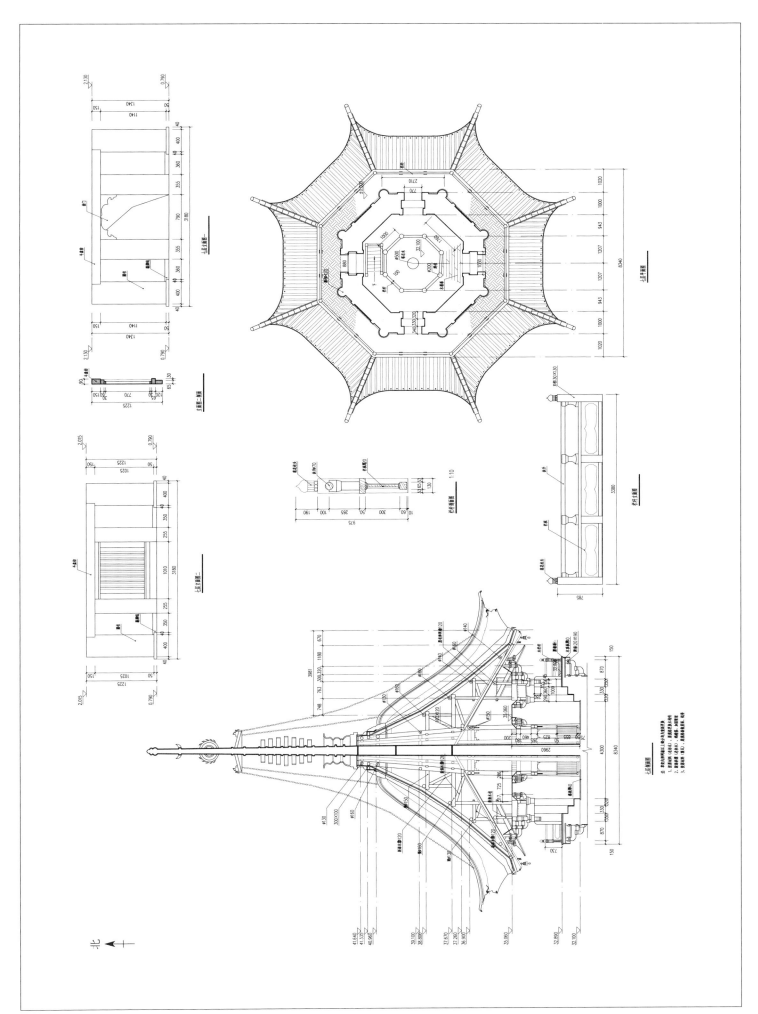

北

三五 七层平、立、剖面图及栏杆详图

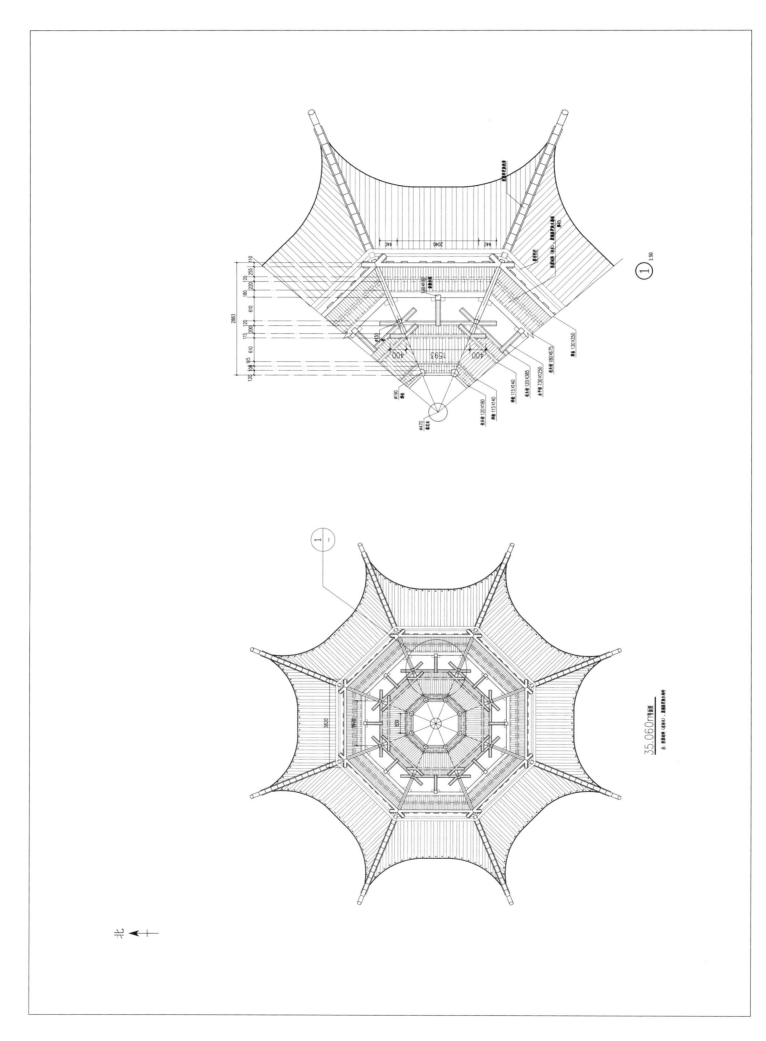

北

35.060门首面

三六　屋顶草架层平面图之一（35.6米）及节点详图

37.260㎡顶层

北 ←

36.900㎡顶层

三七 屋顶草架层平面图之二 (36.9米)，之三 (37.26米)

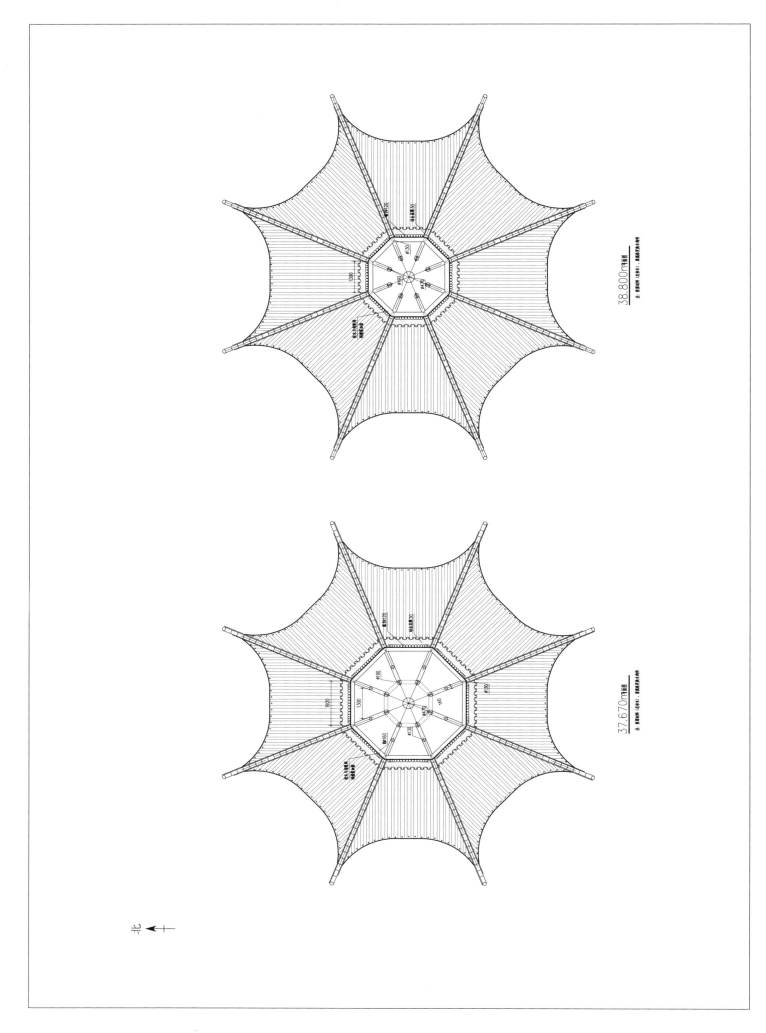

北

38.800㎡平面

37.670㎡平面

三八 屋顶草架层平面图之四（37.67米）、之五（38.8米）

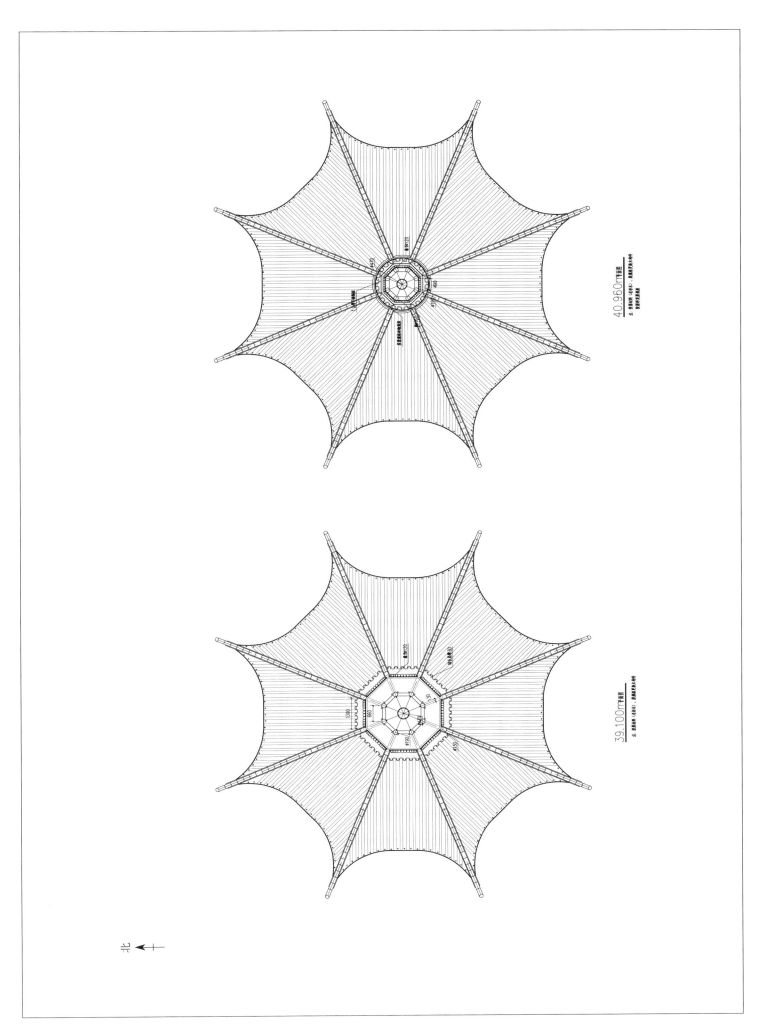

北 ←十

三九 屋顶草架层平面图之六（39.1米）、之七（40.96米）

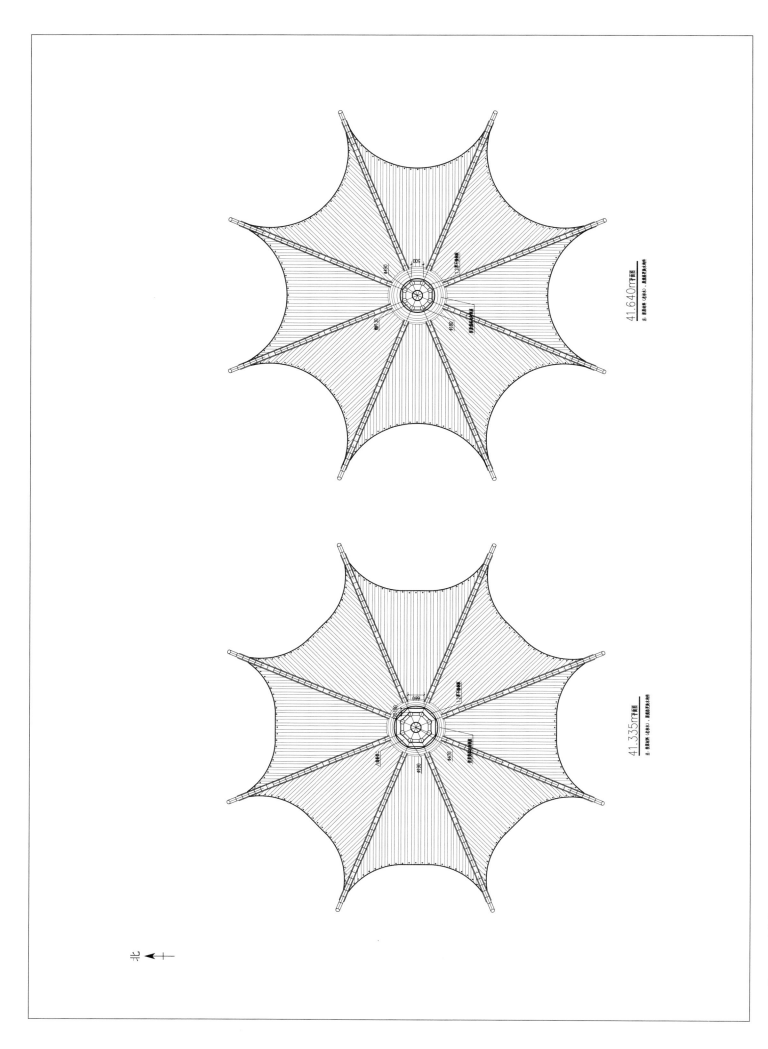

北

四〇　屋顶草架层平面图之八（41.335米）、之九（41.64米）

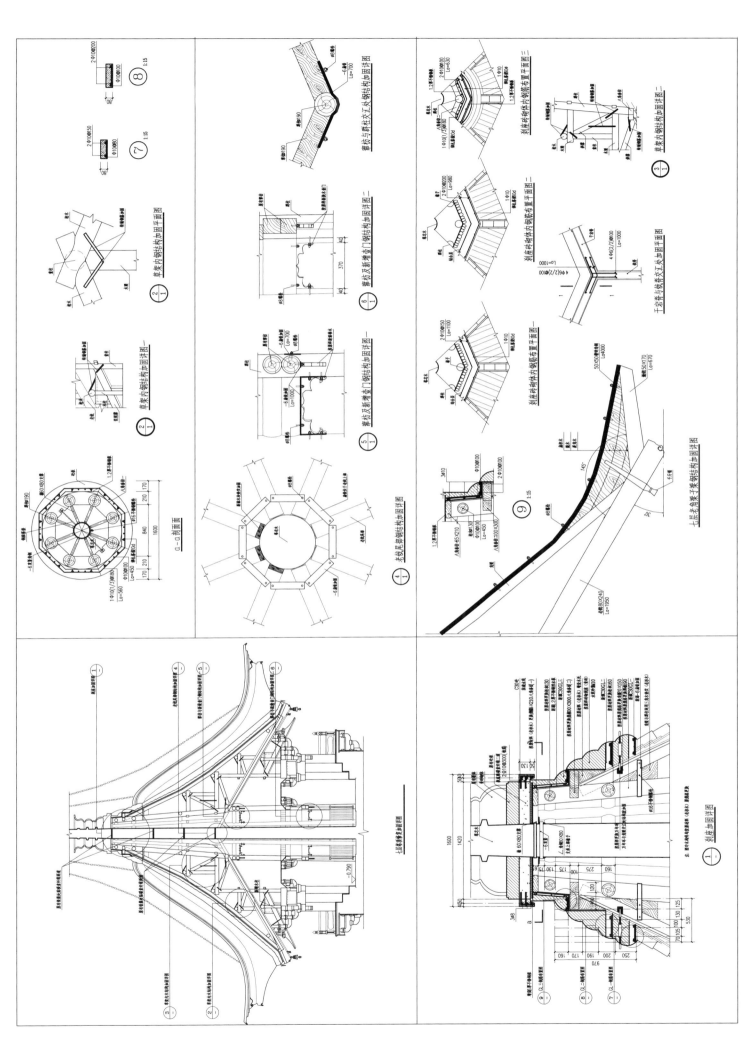

四一 七层塔顶修复加固详图

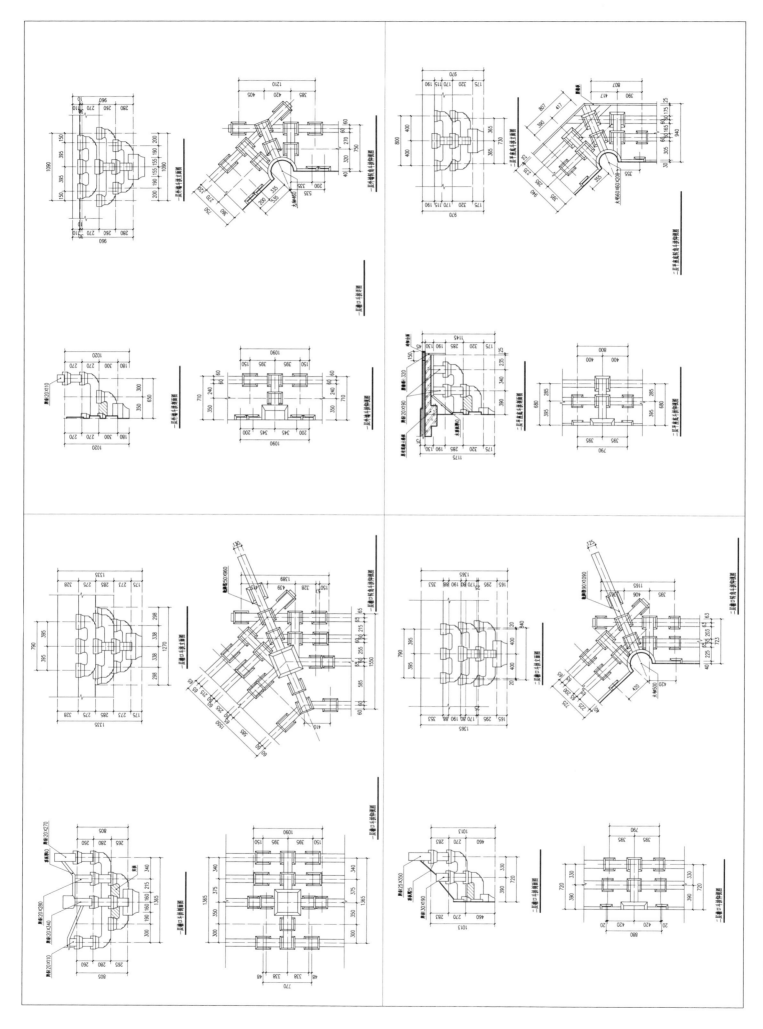

四二 一、二层斗拱详图

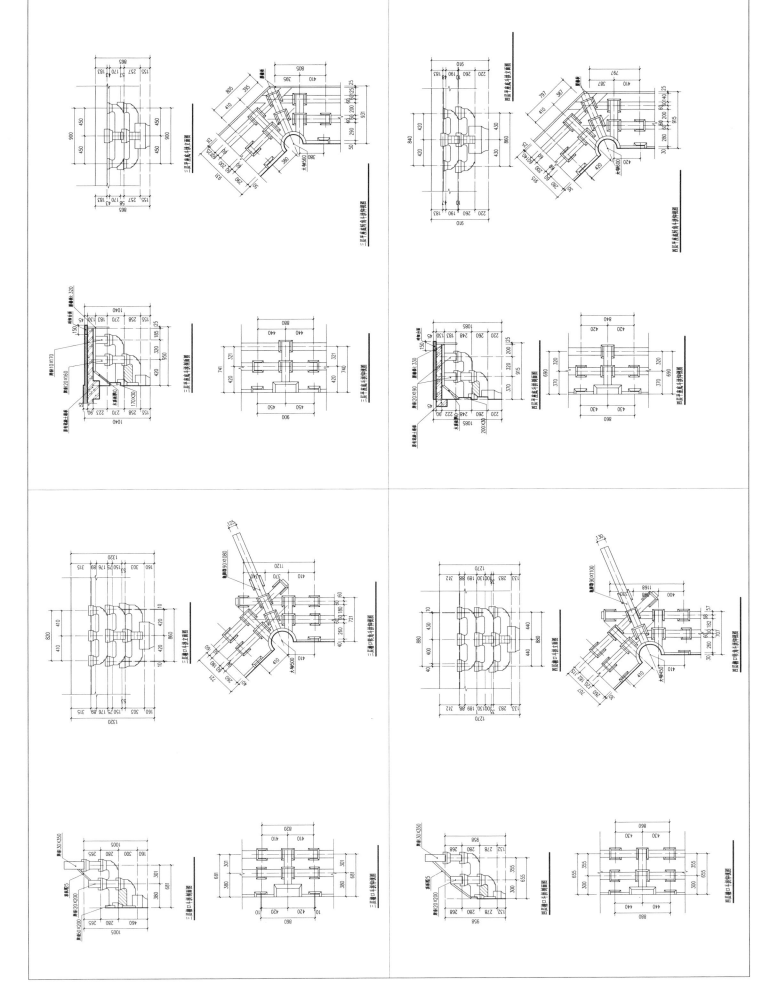

219

四三 三、四层斗栱详图

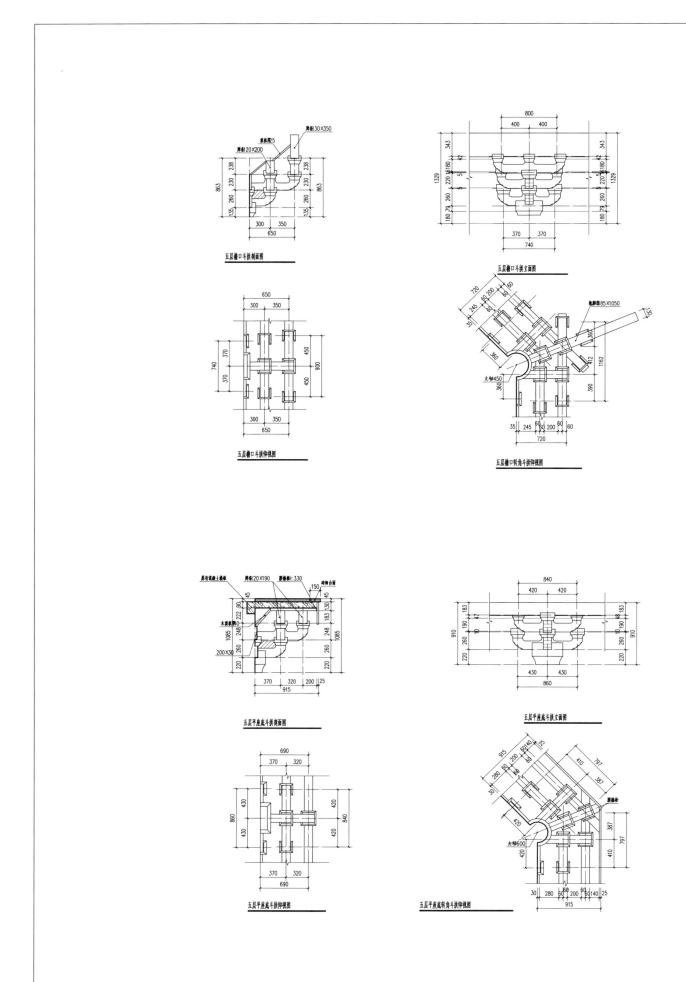

五层檐口斗栱剖面图

五层檐口斗栱立面图

五层檐口斗栱仰视图

五层檐口转角斗栱仰视图

五层平座底斗栱剖面图

五层平座底斗栱立面图

五层平座底斗栱仰视图

五层平座底转角斗栱仰视图

四四　五层斗栱详图

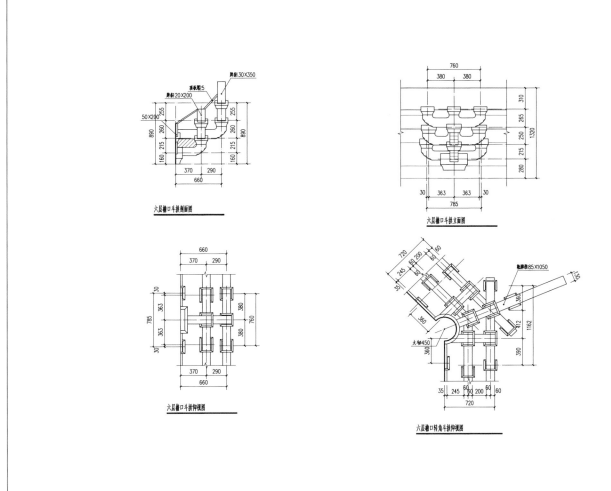

六层檐口斗栱剖面图

六层檐口斗栱立面图

六层檐口斗栱仰视图

六层檐口转角斗栱仰视图

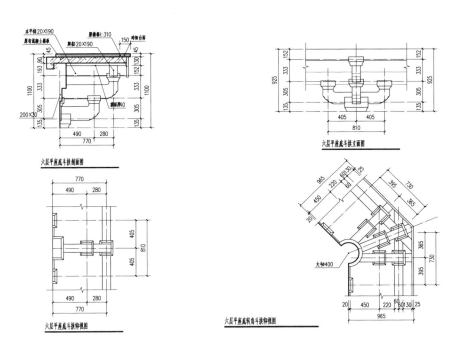

六层平座底斗栱剖面图

六层平座底斗栱立面图

六层平座底斗栱仰视图

六层平座底转角斗栱仰视图

四五　六层斗栱详图

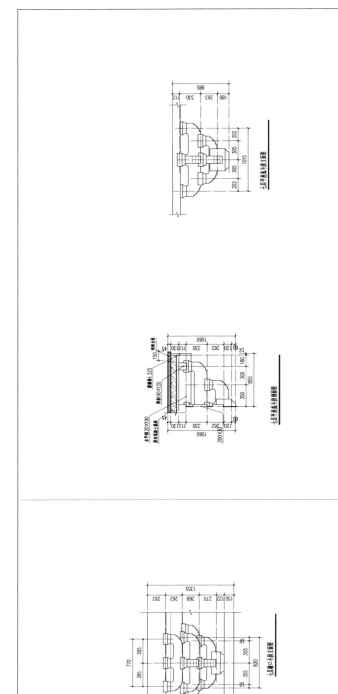

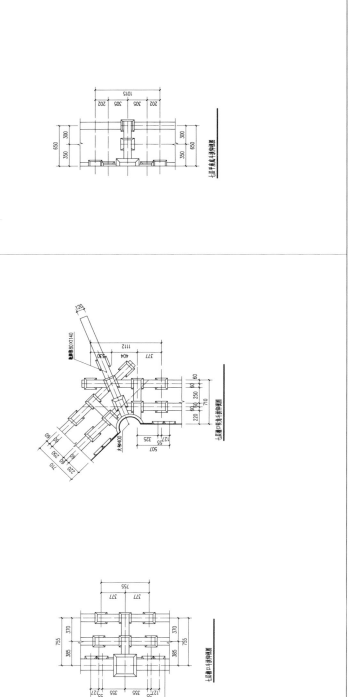

50.940

40.550

34.230
32.890

29.800
28.430

25.460

23.890

20.755

20.755

18.935

15.735

13.700

10.285

2.970

±0.000
-1.230

立面图

四七　立面图

50.940

40.550

34.230

32.890

29.800

28.430

25.460

23.890

20.755

18.935

15.735

13.700

10.285

8.065

2.970

±0.000

-0.260

-1.230

剖面图

四八　剖面图

图版

一　瑞光塔全景（1984年摄）

二　瑞光塔全景（东—西，2013年摄）

三　塔顶原有接闪针

四　维修前塔顶裂缝

五　维修前塔顶屋面垂脊（西北）

六 维修前塔顶屋面（东—西）

七　维修前塔顶戗角（东北）

八　维修前塔体草架内朽烂的木构

九　维修前塔身七层檐口

一〇　维修前六层外壁面（东南）

一一　维修前五层外壁倚柱（东南）

一二　维修前四层壸门（东北）

一三　维修前四层东南角朽烂的嫩戗

一四　维修前三层外壁栌斗

一〇	一三
一一	一四
一二	

一五　维修前二层塔体外壁面（东）

一六　维修前二层木栏杆

一七　维修前一层副阶补间斗栱

一八　维修前一层副阶椽子

一九　维修前一层副阶东檐口

二〇　维修前一层副阶平棊（东北转角）

二五　维修前月台铺装塌陷

二六　维修前塔刹处原有引下线
二七　维修前塔身原有引下线

二八　施工现场全景（东北）

二九　七层屋面拆除现场（东北）

三〇　拆除屋面后顶层现场

三一　拆除群柱及角梁等木构现场

三二　群柱顶部增设不锈钢板及硬木套枋加固节点施工现场

三三　群柱上部承重枋

三四　砼板边缘现浇高标混凝土施工现场

三五　砼板下部设不锈钢套筒施工现场

三六　更换八根新群柱及梁柱等木构施工现场

三七　顶层梁、柱、角梁加固节点施工现场
三八　群柱与角梁加固节点施工现场

三九　不锈钢套筒外部按原样重筑砌体施工现场

四〇　窜枋下部扁铁加固施工现场

四一　修复木壶门施工现场

四二　木构安装加固完成施工现场

四三　椽条铺设施工现场

四四　七层屋面筒瓦铺设施工现场（东北）

四五　腰檐赶宕脊与戗脊交汇处配置钢筋施
　　　工现场

四六　赶宕脊与戗脊交汇处配筋后重新砌筑
　　　施工现场

四七　拆除一层副阶屋面瓦件施工现场
四八　一层副阶屋面铺瓦施工现场

四九　七层屋面戗角修复施工现场

五〇　一层平座屋面赶宕脊与戗脊
　　　交汇处修复施工现场

五一　一层柱子基底清理施工现场
五二　一层柱子地仗施工现场

五三　一层平棊基层修补施工现场

五四　一层平棊、梁等木构批刮腻子施工现场

五五　一层木构油色粉饰施工现场
五六　塔壁修补施工现场

五七　塔壁批刮腻子施工现场

五八　塔壁粉饰施工现场

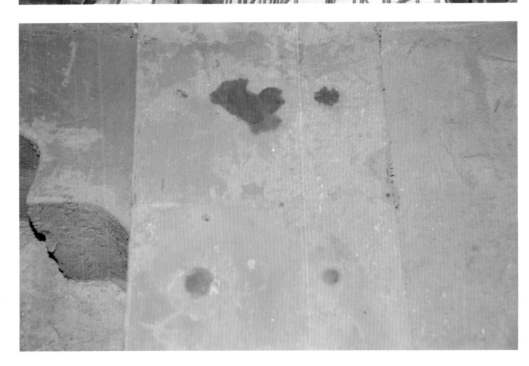

六二　月台青砖铺设施工现场

六三　接闪带敷设施工现场
六四　引下线在塔心木上固定施工现场
六五　防雷中心验收工作现场

六六　对构件进行白蚁防治工作现场

六七　场地绿化整修工作现场

六八　安全检查工作现场

六九　塔身设PVC管道运送垃圾工作现场

七〇　审核构件加固节点工作现场
七一　审核材料用料工作现场
七二　检查进场构件尺寸工作现场
七三　复核材料尺寸工作现场
七四　制作油色油饰工艺样板工作现场
七五　塔体内壁钉眼修补材料样板
　　　工作现场

瑞光塔　保护修缮工程报告

262

八〇　塔刹维修后现状

八一　塔顶与塔刹连接处维修后现状

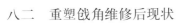

八二　重塑戗角维修后现状

八三　七层外壁面维修后现状（东北）

八四　六层腰檐屋面维修后现状

八五　六层外壁面维修后现状（东）

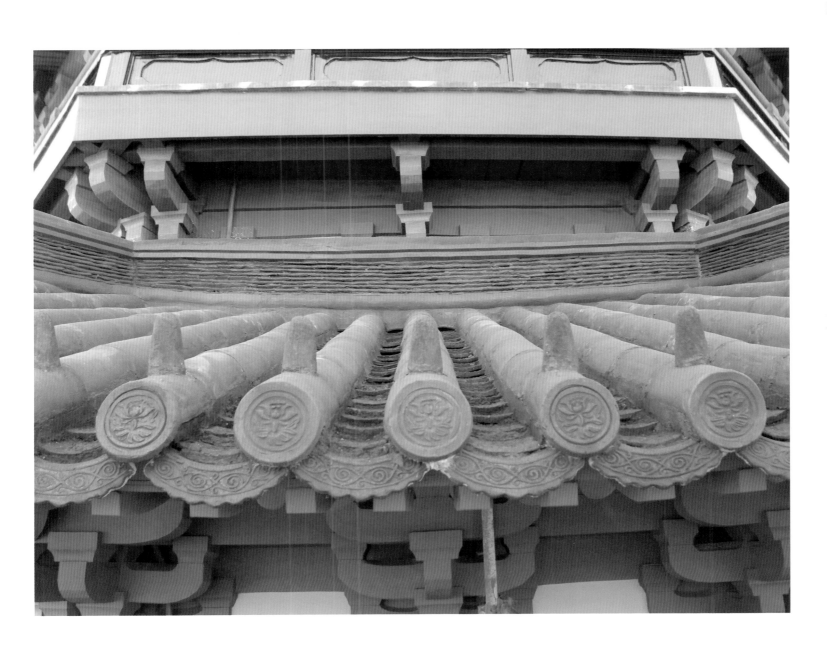

八九　五层转角斗栱维修后现状（东北）

九〇　四层塔身（北）

九一　四层椽望维修后现状（北）

九二　四层戗角维修后现状（西北）

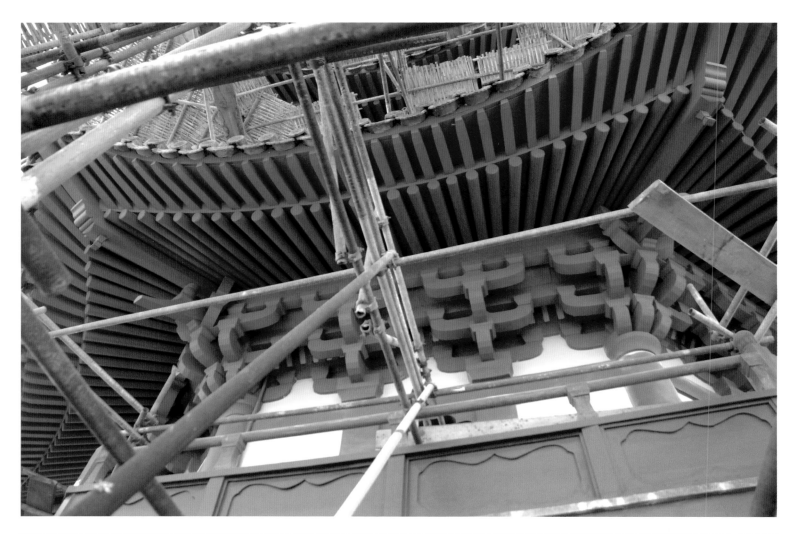

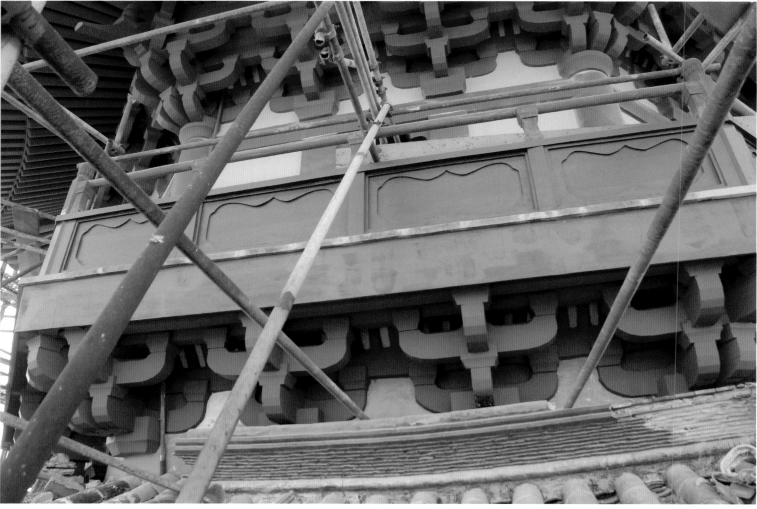

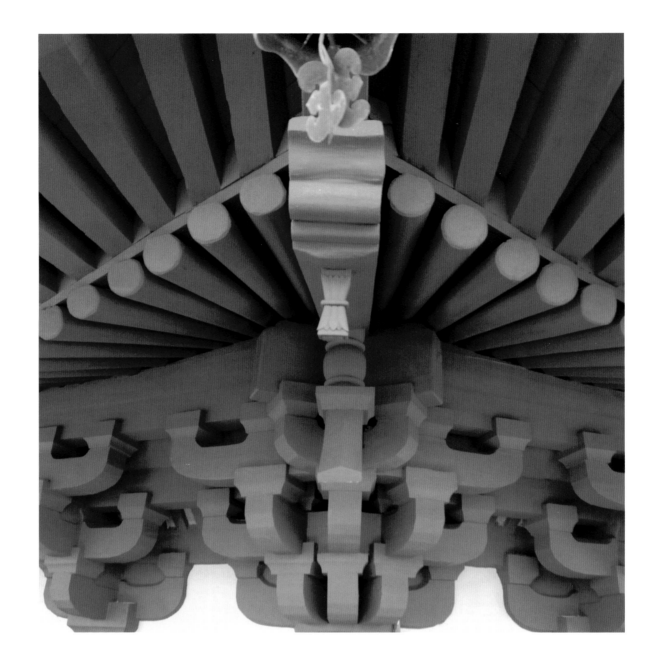

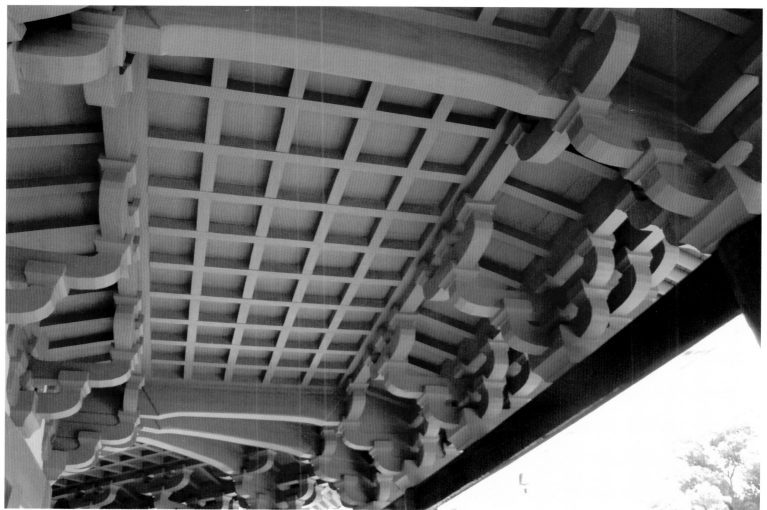

一〇〇 一层副阶平棊转角维修后现状

一〇一 一层塔柱维修后现状

一〇二 一层塔身维修后现状（东北）

后 记

　　江南是我国佛教的发源地之一，历史上由于偏安、富足，为佛教的传播和发展提供了良好的土壤，至今江浙地区仍保存着众多佛教胜迹。其中，尤以佛塔建筑最为精美壮丽，堪称瑰宝。

　　江南历史上曾有两次造塔高峰。第一次是东汉孙氏统治江东时期，孙权为报母恩在江南各地建造了佛塔；第二次是五代至北宋初，钱氏统治江南，因笃信佛教，大兴造塔之风，并且创造出一种全新的塔型——砖身木檐仿楼阁式塔，影响深远，之后该地区的古塔建筑皆滥觞于此。

　　若将以上两个高峰比做历史长河中的两座灯塔，那光辉交汇处便是苏州瑞光塔。据史书记载，瑞光塔原是孙权为报母恩而建，后历经损毁，而现存实物为北宋初年建造，是砖身木檐塔的典型代表。但在苏州虎丘塔的盛名之下，瑞光塔一直默默无名。直到20世纪70年代末，在瑞光塔天宫内发现大量晚唐至北宋的文物时，才使人们的视线再次投射到这座千年古塔身上，保护与修缮计划随即开启。

　　从1978年起，陆续对瑞光塔进行了局部修补、地质勘察、变形监测等前期工作。1987年，1949年后的第一次维修工程正式开工，工程持续了三年多，于1991年正式竣工。此次工程修缮了塔体、恢复了副阶与木构外檐，使瑞光塔重现宋塔风貌，恢复了生机。2014年，瑞光塔迎来了1949后的第二次维修。此次维修为保养性工程，进行得十分顺利，历时10个月便完成了施工任务。工程解决了塔顶漏水的问题，对塔身进行了系统的保养，并对塔体历史材料性能做了"体检"，确保古塔的安全。

　　工程的顺利实施首先得益于国家文物局、江苏省文物局的正确指导与大力支持，严谨的方案审批保证了文物保护原则的贯彻与落实。感谢苏州市政府对工程的大力支持，一个珍视历史的执政者必定拥有民族的未来。感谢苏州市文广新局，作为主管单位几十年来如一日，关心瑞光塔的保护工作。工程中，局领导多次亲临现场视察工程情况，要求以科研课题的标准来开展文物保护工程，并对本书的编撰与出版作了重要指示。感谢工程各参建单位的辛勤工作和密切配合，团队力量是创造成绩的基石。感谢施工人员酷暑严寒奋斗在一线，为工匠精神点赞。感谢盘门景区管理处在施工期间的大力配合，为工程创造了的良好的施工条件。感谢苏州市计成文物建筑研究设计院有限公司为本书提供了工程资料和图纸。

　　作为建设单位，苏州市文物保护管理所全程负责本次工程的组织与管理，为将本次工程打造成精品尽心尽责。本次工程获得了2014年全国十佳文物保护工程提名，苏州市文物保护管理所也因在本工程中的出色工作获得了"江苏省文物保护工程优秀组织奖"。

经过三年的努力，《瑞光塔保护修缮工程报告》终于付梓在即，在此对每一位为瑞光塔保护工作提供帮助和支持的领导、专家、同事再次诚挚致谢！

编　者

2017年10月